U0314317

中等职业学校现代学徒制教学用书

数控车、铣床编程与操作实训指导

主　编　唐登杰　蒋廷采　欧继宏
副主编　朱明明　唐祖明　蒋灯财　张　磊

北　京
冶 金 工 业 出 版 社
2020

内容提要

本书分上下两篇：上篇为数控车床编程与实训指导，分6个项目；下篇为数控铣床编程与实训指导，分8个项目。上篇内容主要包括数控操作安全知识、数控机床简介、常用量具的使用、GSK980TDB数控车床编程指令、数控车床实训入门编程与操作、数控车床中级工编程加工实例；下篇内容主要包括安全文明生产教育、数控铣床的基本操作、数控铣床手工编程与基本加工、数控铣床的基本加工、数控铣床2D零件的软件编程。

本书为中等职业学校数控专业的教材，也可作为相关企业技能培训教材。

图书在版编目(CIP)数据

数控车、铣床编程与操作实训指导/唐登杰，蒋廷采，欧继宏主编．—北京：冶金工业出版社，2020.5

中等职业学校现代学徒制教学用书

ISBN 978-7-5024-8432-3

Ⅰ.①数…　Ⅱ.①唐…　②蒋…　③欧…　Ⅲ.①数控机床—车床—程序设计—中等专业学校—教材　②数控机床—车床—操作—中等专业学校—教材　③数控机床—铣床—程序设计—中等专业学校—教材　④数控机床—铣床—操作—中等专业学校—教材　Ⅳ.①TG519.1　②TG547

中国版本图书馆CIP数据核字(2020)第028442号

出 版 人　陈玉千

地　　址　北京市东城区嵩祝院北巷39号　邮编　100009　电话　(010)64027926

网　　址　www.cnmip.com.cn　电子信箱　yjcbs@cnmip.com.cn

责任编辑　俞跃春　杜婷婷　美术编辑　郑小利　版式设计　禹　蕊

责任校对　郭惠兰　责任印制　禹　蕊

ISBN 978-7-5024-8432-3

冶金工业出版社出版发行；各地新华书店经销；三河市双峰印刷装订有限公司印刷

2020年5月第1版，2020年5月第1次印刷

787mm×1092mm　1/16；12.5印张；300千字；190页

39.00元

冶金工业出版社　投稿电话　(010)64027932　投稿信箱　tougao@cnmip.com.cn

冶金工业出版社营销中心　电话　(010)64044283　传真　(010)64027893

冶金工业出版社天猫旗舰店　yjgycbs.tmall.com

（本书如有印装质量问题，本社营销中心负责退换）

前　言

本书获得桂林市现代学徒制试点项目支持，编写主要依据是以教育部关于开展现代学徒制试点工作的意见，落实“深化产教融合、校企合作，进一步完善校企合作育人机制，创新技术技能人才培养模式，积极开展现代学徒制试点工作”为指导。在人才培养方面突出学校、企业双主体相结合的模式；以就业为导向，以职业岗位为对接，以学生职业能力为培养目的，教学内容更加贴近企业的实际需求，经过对机械加工企业岗位需求的调研论证，与企业的技术骨干共同编写了这本适合中等职业学校数控专业现代学徒制人才培养模式的学生学习用教材。

在本书的编写过程中，从培养实用型、技能型、技术应用型人才出发，遵循“必需与够用”的原则，力求做到“有用、实用、好用”，综合了多年培训、实习、考证和数控技能大赛的教学经验，参考了有关数控车工、铣工职业技能鉴定考试的要求，并列举了大量中级工、高级工职业技能鉴定考核及技能竞赛的实例，详细介绍了零件的加工工艺、刀具选择和程序编制，配合零件的平面图、实体图和选用刀具图等，力求符合中等职业教学用书的要求。

本书由桂林市机电工程学校唐登杰、蒋廷采、欧继宏担任主编，朱明明、唐祖明、蒋灯财、张磊担任副主编，参加编写的还有杨秀芳、唐永忠、向耀连、王丛会、卢伟、李逸康，本书的企业案例由广东大冶摩托车有限公司张磊、卢伟、李逸康等编写。

本书围绕数控车床、铣床编程和操作这条主线，注重基本理论的阐述。在结构安排和表达方式上，强调由浅入深，循序渐进，强调师生互动和学生自主学习，并通过大量生产中的案例和图文并茂的表现形式，使学生能够比较轻松的掌握所学内容。

由于编者水平所限，书中不妥之处，敬请读者批评指正。

编　者

2019 年 12 月 2 日

目 录

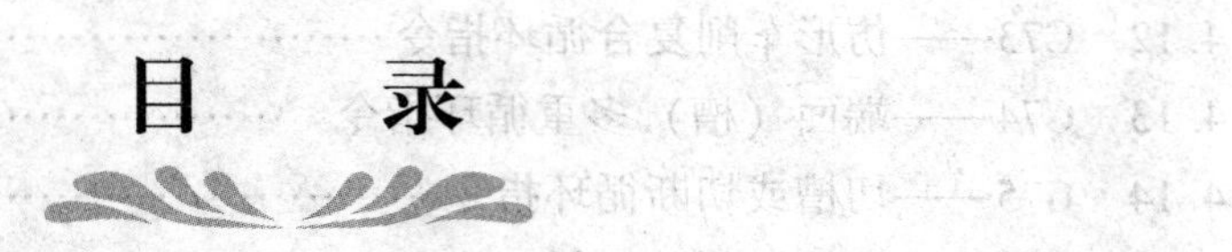

上篇 数控车床编程与实训指导

项目1 数控操作安全知识 …… 1

1.1 操作前注意事项 …… 1

1.2 工作过程中的注意事项 …… 1

1.3 工作后注意事项 …… 2

项目2 数控机床简介 …… 3

2.1 数控机床的组成及工作原理 …… 3

2.2 常见数控机床 …… 5

2.3 机床坐标系和工件坐标系 …… 8

项目3 常见量具的使用 …… 11

3.1 游标卡尺的使用 …… 11

3.2 外径千分尺的使用 …… 13

3.3 百分表的使用 …… 14

项目4 GSK980TDB 数控车床编程指令 …… 17

4.1 G00——刀具快速定位指令 …… 17

4.2 G01——直线插补指令 …… 18

4.3 G02/G03——圆弧插补指令 …… 19

4.4 G6.2/G6.3——椭圆插补指令 …… 22

4.5 G7.2/G7.3——抛物线插补指令 …… 24

4.6 G41/G42——刀尖半径补偿指令 …… 25

4.7 G90——轴向切削单一循环指令 …… 27

4.8 G94——端面切削循环指令 …… 29

4.9 G71——轴向粗车复合循环指令 …… 30

4.10 G70——精车循环指令 …… 32

4.11　G72——端面粗加工循环指令 …… 32
4.12　G73——仿形车削复合循环指令 …… 34
4.13　G74——端面（槽）多重循环指令 …… 36
4.14　G75——切槽或切断循环指令 …… 37
4.15　G92——螺纹切削单一循环指令 …… 39
4.16　G76——螺纹切削复合循环指令 …… 40

项目5　数控车床实训入门编程与操作 …… 42

5.1　加工实训实例一 …… 42
5.2　加工实训实例二 …… 45
5.3　加工实训实例三 …… 48

项目6　数控车床中级工编程加工实例 …… 53

6.1　数控车床中级职业技能鉴定样题1 …… 53
6.2　数控车床中级职业技能鉴定样题2 …… 56
6.3　数控车床中级职业技能鉴定样题3 …… 59
6.4　数控车床中级职业技能鉴定样题4 …… 63
6.5　数控车床中级职业技能鉴定样题5 …… 66
6.6　数控车床中级职业技能鉴定样题6 …… 70
6.7　数控车床中级职业技能鉴定样题7 …… 74
6.8　数控车床中级职业技能鉴定样题8 …… 77
6.9　数控车床中级职业技能鉴定样题9 …… 81
6.10　数控车床中级职业技能鉴定样题10 …… 85

下篇　数控铣床编程与实训指导

项目1　安全文明生产教育 …… 91

1.1　数控铣床/数控加工中心安全操作规程 …… 91
1.2　文明、安全生产学生工作页 …… 92

项目2　数控铣床的基本操作 …… 95

2.1　熟悉数控铣床的基本结构 …… 95
2.2　熟悉数控铣床的常用刀具 …… 97
2.3　FANUC 系统的操作面板结构 …… 99
2.4　数控铣的基本操作 …… 103

2.5　数控铣的对刀 …… 109

项目3　数控铣床手工编程与基本加工 …… 112

3.1　数控铣床编程基础知识 …… 112
3.2　基本编程指令 …… 114

项目4　数控铣的基本加工 …… 121

4.1　外轮廓铣削的手工编程与操作 …… 121
4.2　内轮廓铣削的手工编程与操作 …… 125
4.3　孔类零件加工的手工编程与操作 …… 129

项目5　数控铣床2D零件的软件编程与加工 …… 133

5.1　CAXA 制造工程师二维图的绘制 …… 133
5.2　CAXA 制造工程师 2D 加工路线的生成及程序的传输 …… 137
5.3　软件编程加工零件方法 …… 144

项目6　数控铣床的综合加工 …… 151

6.1　综合零件加工一 …… 151
6.2　综合零件加工二 …… 156
6.3　综合零件加工三 …… 160

项目7　数控铣床技能鉴定样题 …… 166

7.1　职业技能鉴定模拟试卷一 …… 166
7.2　职业技能鉴定模拟试卷二 …… 167
7.3　职业技能鉴定模拟试卷三 …… 168
7.4　职业技能鉴定模拟试卷四 …… 169
7.5　职业技能鉴定模拟试卷五 …… 170
7.6　职业技能鉴定模拟试卷六 …… 170
7.7　职业技能鉴定模拟试卷七 …… 172
7.8　职业技能鉴定模拟试卷八 …… 172
7.9　职业技能鉴定模拟试卷九 …… 174
7.10　职业技能鉴定模拟试卷十 …… 174
7.11　职业技能鉴定模拟试卷十一 …… 176
7.12　职业技能鉴定模拟试卷十二 …… 176
7.13　职业技能鉴定模拟试卷十三 …… 178
7.14　职业技能鉴定模拟试卷十四 …… 178

7.15　职业技能鉴定模拟试卷十五 …… 180
7.16　职业技能鉴定模拟试卷十六 …… 180
7.17　职业技能鉴定模拟试卷十七 …… 182
7.18　职业技能鉴定模拟试卷十八 …… 183

项目8　企业加工生产过程实例 …… 185

8.1　注塑模型腔加工过程 …… 185
8.2　注塑模动模加工过程 …… 187

参考文献 …… 190

上篇　数控车床编程与实训指导

项目1　数控操作安全知识

数控车床的安全操作规程不仅是保障人身和设备安全的需要，也是保证数控车床能够正常工作、达到技术性能、充分发挥其加工优势的需要。因此，在数控车床的使用和操作中必须严格遵循数控车床的安全操作规程。

1.1　操作前注意事项

（1）进入数控车间实习必须穿好工作服、安全鞋，扎紧袖口，女同学戴工作帽，长头发、辫子套入帽内，戴好防护镜，严禁戴手套、围巾操作机床。不能穿着过于宽松的衣服。

（2）必须服从指导人员的安排。禁止从事一切未经指导人员同意的工作，不得随意触摸、启动各种开关。

（3）在实习场内禁止大声喧哗、嬉戏追逐；禁止吸烟，禁止在实训场所乱扔垃圾、果皮。

（4）机床工作开始前要检查润滑油是否足够。

（5）机床工作前要低速转动进行预热。

1.2　工作过程中的注意事项

（1）装夹工件一定要夹紧，以免卡盘运转时工件掉出砸伤机床或伤人。

（2）装夹紧工件和刀具后，必须将卡盘扳手和刀架扳手取下来，以避免卡盘运转时飞出造成伤害。

（3）在加工工件过程中要关好防护门，避免工件或铁屑飞出伤人。

（4）禁止用手接触刀尖和铁屑，铁屑必须要用铁钩子或毛刷来清理。

（5）禁止用手或其他任何方式接触正在旋转的主轴、工件或其他运动部位。

（6）禁止加工过程中测量工件、变速，更不能用棉丝擦拭工件，也不能清扫机床。

（7）车床运转中，操作者不得离开岗位，机床发现异常现象立即停机，并且立即向指导教师报告。

（8）多人共用一台机床时，严禁多人同时操作，只能一人操作一机。

1.3　工作后注意事项

（1）课后，所有功能键应处在复位位置，工作台处于机床尾座一侧，按照指导教师指导的关机步骤正确关机。

（2）清洁保养机床。要保持工作环境的清洁，每天下课前 15 分钟必须要清除切屑、擦拭机床，机床周围必须打扫干净，必要时给机床加润滑油。

（3）任何人在使用设备后，都应把刀具、工具、量具、材料等物品整理好，并做好设备清洁和日常设备维护工作。

（4）下课做好“三关”：关门、关窗、关电。

项目 2　数控机床简介

在机械制造工业中，单件与小批量生产的零件（批量在 10 ~ 100 件）约占机械加工总量的 75% ~ 80%。尤其是航空航天、造船、机床、重型机械以及国防工业中使用的零件，精度要求高、形状复杂、加工批量小，用普通机床加工这些零件效率低、劳动强度大，有时甚至不能加工。为了解决这些问题，一种具有高精度、高效率、灵活、通用性强的自动化加工设备——数控机床应运而生，它为多品种、小批量，特别是结构复杂、精度要求高的零件提供了自动化加工手段。

数控即数字控制（numerical control，简称 NC），是 20 世纪中期发展起来的一种自动控制技术，是用数字化信号进行控制的一种方法。数控机床（numerical control tool）是用数字化信号对机床的运动及其加工过程进行控制的机床，或者说是装备了数控系统的机床。随着计算机技术的发展，数控机床的数控系统发展成计算机数控（computer numerical control，简称 CNC）系统，CNC 系统是采用计算机控制加工功能，实现数字控制，并通过接口与外围设备连接。

2.1　数控机床的组成及工作原理

2.1.1　数控机床的组成

数控机床主要由机床主体、数控装置、伺服机构、辅助装置以及检测装置五个部分组成，如图 1-2-1 所示。

图 1-2-1　数控机床

2.1.1.1　机床主体

机床主体是指数控机床的机械结构实体，是用于完成各种切削加工的机械部分，包括主运动部件（如主轴箱）、进给运动部件（如工作台、滑板、丝杠等传动部件）和床身、立柱、支承部件等。

2.1.1.2　数控装置

数控装置是数控机床的核心。如图 1-2-2 所示是某数控车床的数控装置。它由输入装置（如键盘）、控制运算器（CPU）和输出装置（如显示器）等构成。它的功能是将输入的各种信息经 CPU 的计算处理后再经输出装置向伺服系统发出相应的控制信号，由伺服系统带动机床按预定轨迹、速度、方向运动。

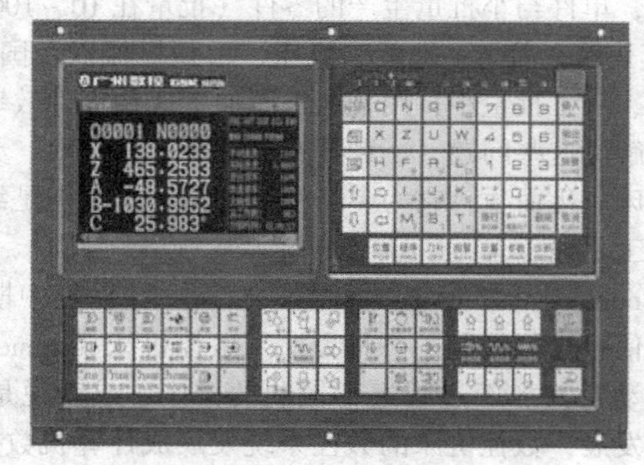

图 1-2-2　数控装置

2.1.1.3　伺服机构

伺服机构是数控机床的执行机构，由驱动装置和执行部件（如伺服电动机）两大部分组成，电动机如图 1-2-3 所示。

图 1-2-3　伺服电动机

2.1.1.4　辅助装置

辅助控制装置包括刀库、液压或气动装置、冷却系统和排屑装置以及自动进料装置等。

2.1.1.5　检测装置

检测反馈装置可将数控机床各个坐标轴的实际位移量、速度参数检测出来，转换成电信号，并反馈到机床的数控装置中。检测装置的检测元件有多种，常用的有直线光栅、光电编码器、圆光栅、绝对编码尺等。

2.1.2　数控机床工作原理

在传统的金属切削机床上，操作者在加工零件时，根据图纸的要求，需要人工不断地改变刀具的运动轨迹和运动速度等参数，使刀具对工件进行切削加工，最终加工出合格零件。在数控机床上，加工过程中人工操作均被数控系统取代，其工作过程如下：首先将加工图纸上的几何信息和工艺信息数字化，即将刀具与工件的相对运动轨迹按规定的规则、代码和格式编写成加工程序，然后由数控系统按照程序的要求，进行相应的运算、处理，发出控制命令，使各坐标轴、主轴以及辅助动作相互协调运动，实现刀具与工件的相对运动，自动完成零件的加工。

数控机床加工零件的工作过程如图1-2-4所示。加工步骤如下：

(1) 根据被加工零件的图样与工艺方案，用规定的代码和程序段格式编写出加工程序。

(2) 将编写加工程序指令输入到机床数控装置中。

(3) 数控装置对程序（代码）进行处理之后，向机床各个坐标的伺服驱动机构和辅助控制装置发出控制信号。

(4) 伺服机构接到执行信号指令后，驱动机床的各个运动部件，并控制所需的辅助动作。

(5) 机床自动加工出合格的零件。

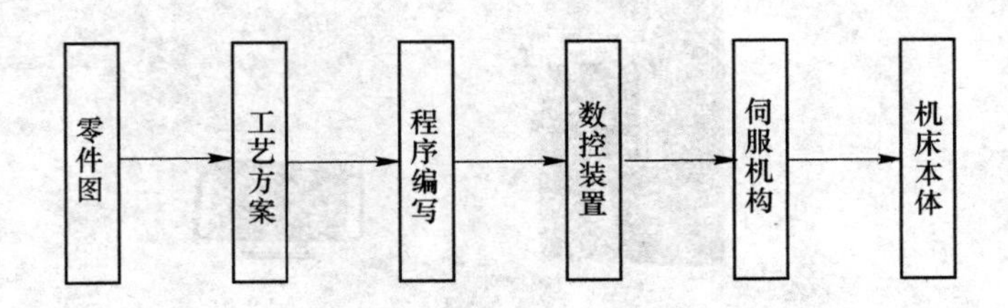

图1-2-4　数控加工原理

2.2　常见数控机床

数控机床品种齐全、规格繁多。以下介绍几种常见的数控机床。

2.2.1　数控车床

数控车床一般具有两轴联动功能，Z 轴是与主轴方向平行的运动轴，X 轴是在水平面向内与主轴方向垂直的运动轴。它主要用于加工轴类、盘套类等回转体零件，能够通过程序控制自动完成内外圆柱面、锥面、圆弧、螺纹等工序的切削加工，并进行切槽、钻、扩、铰孔等工作。

如图1-2-5所示是一台数控车床的外观图，机床本体包括主轴、溜板、刀架等。数控系统包括显示器、控制面板、强电控制系统等。

图 1-2-5 数控车床

2.2.2 数控铣床

世界上第一台数控机床就是数控铣床，它可以三坐标联动。数控铣床适用于加工三维复杂曲面等各类复杂的零件，在汽车、航空航天、模具等行业广泛采用。它可分为数控立式铣床、数控卧式铣床、数控仿形铣床等。图 1-2-6 所示为数控铣床，随着科学技术的发展，数控铣床向数控加工中心方向发展。

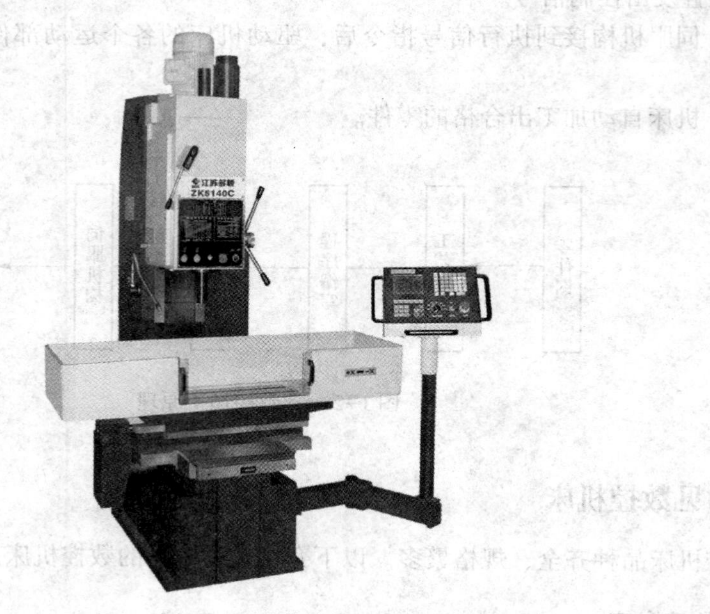

图 1-2-6 数控铣床

2.2.3 加工中心

数控加工中心是具有刀具自动交换装置，并能进行多种工序加工的数控机床。在其上工件可在一次装夹中完成铣、镗、钻、扩、铰、攻螺纹等多种工序的加工。它主要用于加工箱体类零件和复杂曲面零件。加工中心可分为立式加工中心和卧式加工中心，如图 1-2-7 所示。

图 1-2-7　数控加工中心

2.2.4　数控磨床

数控磨床主要用于加工高硬度、高精度表面，可分为数控平面磨床、数控外圆磨床、数控内圆磨床及数控轮廓磨床等。如图 1-2-8 所示为数控外圆磨床。

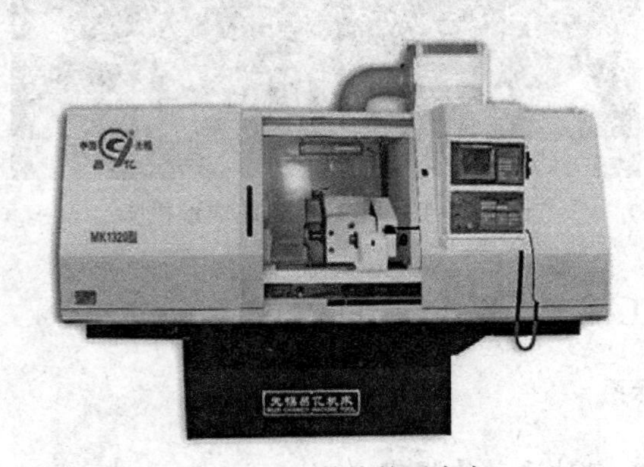

图 1-2-8　数控外圆磨床

2.2.5　数控钻床

数控钻床主要具备钻孔、攻螺纹等功能，同时也具备简单的铣削功能，刀库可存放多种刀具。数控钻床可分为数控立式钻床和数控卧式钻床。

2.2.6　数控线切割机床

数控线切割机床的工作原理与数控电火花成形机床一样，其电极是电极丝，加工液一般采用去离子水。图 1-2-9 所示为一台数控线切割机床的外观图。

2.2.7　数控电火花成形机床

数控电火花成形机床属于一种特种加工机床。其工作原理是利用两个不同极性的电极在绝缘液体中产生放电现象，去除材料进而完成加工。图 1-2-10 所示为一台数控电火花成形机床。

图 1-2-9　数控线切割机床

图 1-2-10　数控电火花成形机床

2.3　机床坐标系和工件坐标系

2.3.1　数控机床的坐标系

2.3.1.1　数控机床相对运动的规定

数控机床的加工动作主要分刀具的动作和工件的动作两部分，在确定机床坐标系的方向时，始终认为工件静止而刀具是运动的。这样编程人员在不考虑机床上工件与刀具具体运动的情况下，就可以依据零件图样确定机床的加工过程。

2.3.1.2　右手直角笛卡尔坐标系

标准机床坐标系中 *X*、*Y*、*Z* 坐标轴的相互关系由右手笛卡儿直角坐标系决定，如图 1-2-11(a) 所示。

(1) 伸出右手的大拇指、食指和中指，并互为 90°。大拇指代表 *X* 坐标，食指代表 *Y* 坐标，中指代表 *Z* 坐标。

(2) 大拇指的指向为 *X* 坐标的正方向，食指的指向为 *Y* 坐标的正方向，中指的指向为 *Z* 坐标的正方向。

(3) 围绕 *X*、*Y*、*Z* 坐标旋转的旋转坐标分别用 *A*、*B*、*C* 表示，根据右手螺旋定则，大拇指的指向为 *X*、*Y*、*Z* 坐标中任意轴的正向，其余 4 指的旋转方向即为旋转坐标 *A*、*B*、

C 的正向，如图 1-2-11(b) 所示。

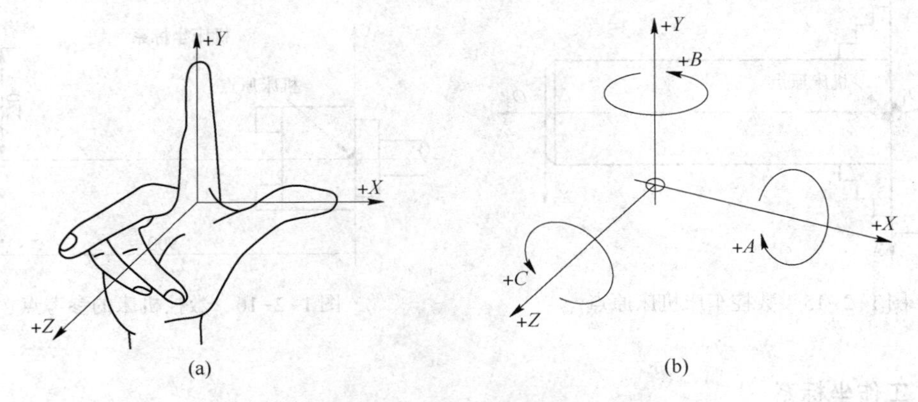

图 1-2-11　右手直角笛卡尔坐标系

2.3.1.3　数控机床坐标系的确定方法

(1) 坐标轴的确定方法。一般先确定 Z 坐标轴，因为它是传递主切削动力的主要轴或方向，再按规定确定 X 坐标轴，最后用右手直角笛卡尔法则确定 Y 坐标轴。图 1-2-12、图 1-2-13 和图 1-2-14 所示为几种数控机床坐标系。

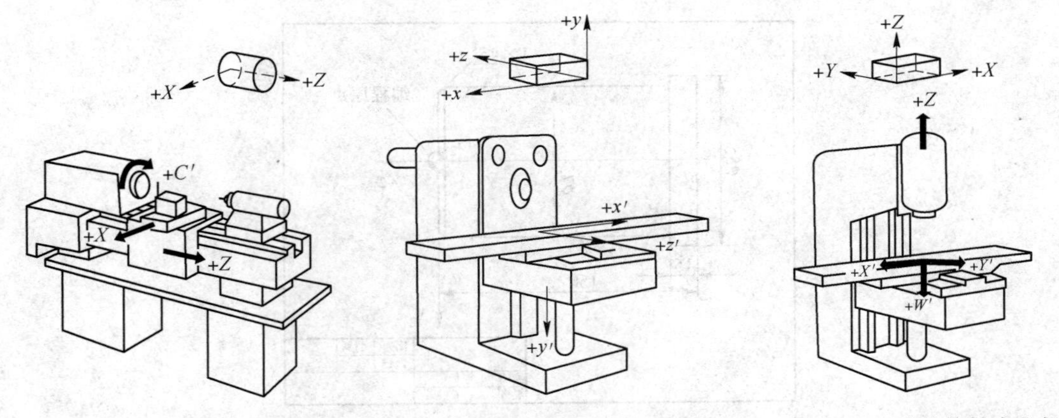

图 1-2-12　数控机床坐标系　图 1-2-13　卧式数控铣床坐标系　图 1-2-14　立式数控铣床坐标系

(2) 机床原点。机床原点又称为机械原点或机床零点，即机床坐标系的原点，是指在机床上设置的一个固定点，它在机床装配、调试时就已确定下来，是数控机床进行加工运动的基准参考点。机床原点一般设置在机床移动部件沿其坐标轴正向的极限位置。在数控车床上，机床原点一般设在卡盘端面与主轴中心线的交点处，如图 1-2-15 所示。

(3) 机床参考点。机床参考点是用于对机床运动进行检测和控制的固定位置点。它是与机床原点相对应的另一个机床参考点，它是机床制造商在机床上用行程开关设置的一个物理位置，与机床的相对位置是固定的。机床参考点一般不同于机床原点，一般来说，加工中心的参考点为机床的自动换刀位置。图 1-2-16 所示为数控车床的参考点与机床原点。

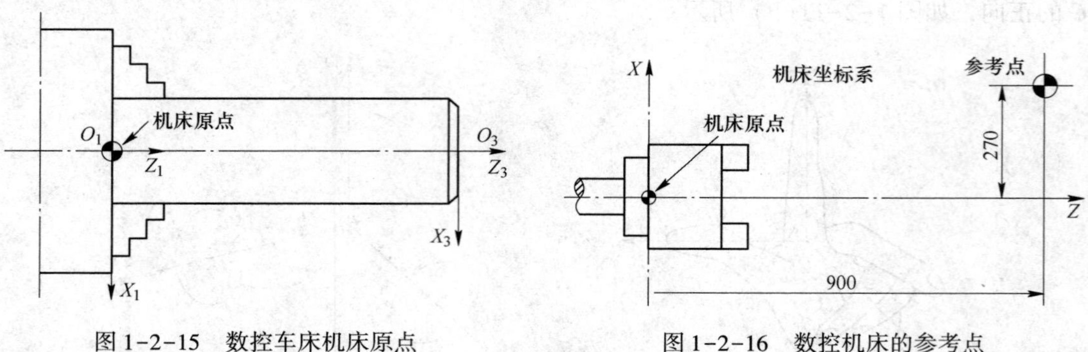

图 1-2-15　数控车床机床原点　　　　图 1-2-16　数控机床的参考点

2.3.2　工作坐标系

工作坐标系也称为编程坐标系，是编程人员根据零件图样及加工工艺等建立的坐标系。工件坐标系一般供编程使用，确定编程坐标系时不必考虑工件毛坯在机床上的实际装夹位置。

工作坐标系的原点（编程原点）一般设在零件的设计基准或工艺基准上，以便于尺寸计算。工作坐标系中各轴的方向与所使用的数控机床相应的坐标轴方向一致，如图 1-2-17 所示为车削零件的编程坐标系及编程原点。

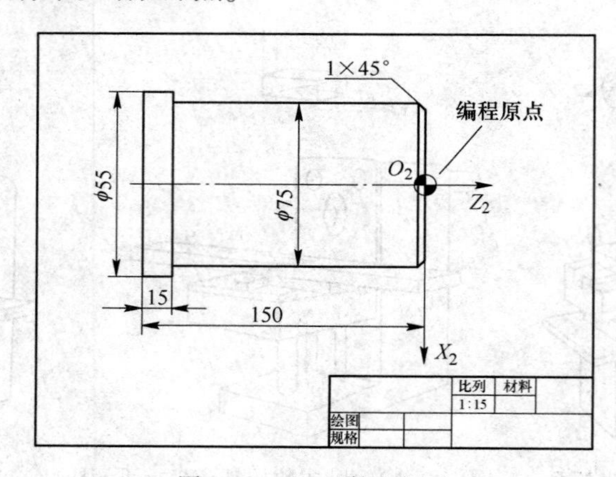

图 1-2-17　工件坐标系

项目3　常见量具的使用

机械零件的技术要求很多，主要有尺寸公差、表面粗糙度、形位公差等。本项目主要介绍测量尺寸的几种常见量具，包括游标卡尺、千分尺、百分表。

3.1　游标卡尺的使用

3.1.1　游标卡尺

游标卡尺是一种常用的量具，具有结构简单、使用方便、精度中等和测量的尺寸范围大等特点，可以用于测量零件的外径、内径、长度、宽度、厚度、深度和孔距等，应用范围很广，如图1-3-1所示。游标卡尺有普通游标卡尺，带表游标卡尺，数显游标卡尺等。学会了普通游标卡尺的读数方法，其他游标类的量具比如高度游标卡尺、游标万能角度尺等也就自然掌握了。

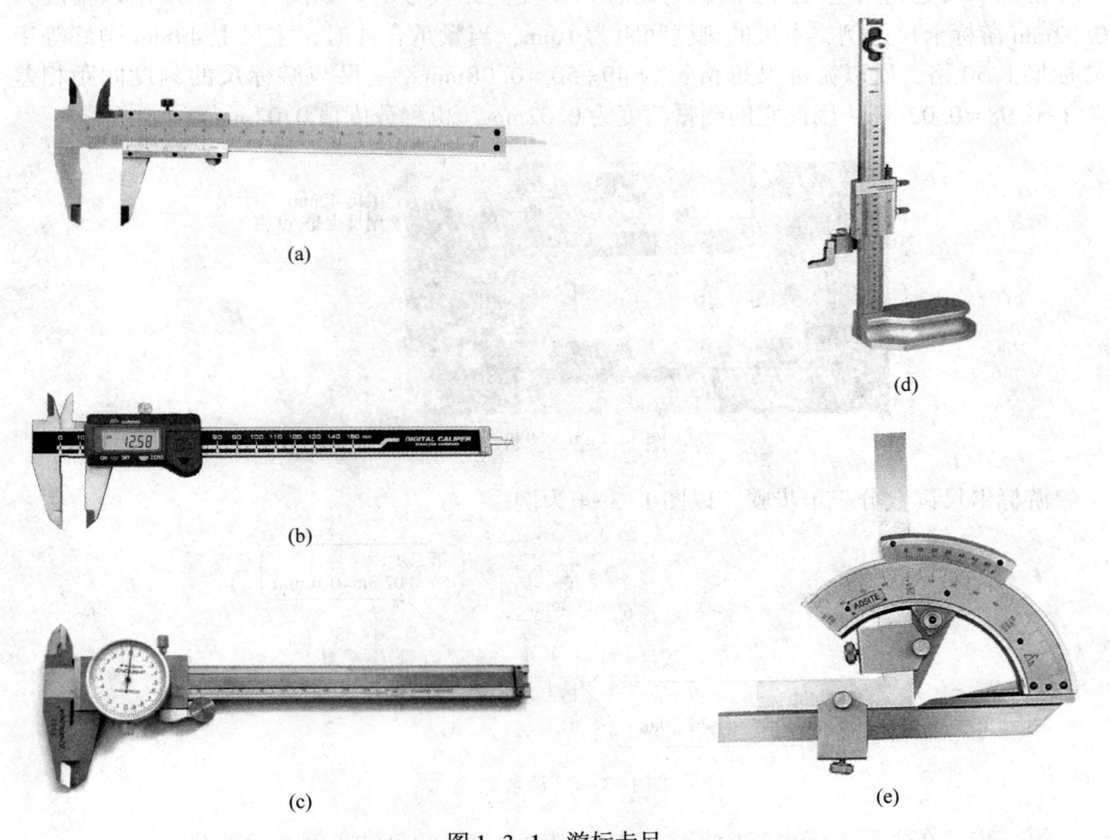

图1-3-1　游标卡尺

(a) 普通游标卡尺；(b) 数显游标卡尺；(c) 带表游标卡尺；(d) 高度尺；(e) 万能角度尺；

3.1.2　游标卡尺结构组成

普通游标卡尺结构如图 1-3-2 所示，主要由主尺和游标尺（又称副尺）、紧固螺钉、量爪等组成。主尺与固定量爪制成一体；副尺与活动量爪制成一体，并能在主尺上滑动。

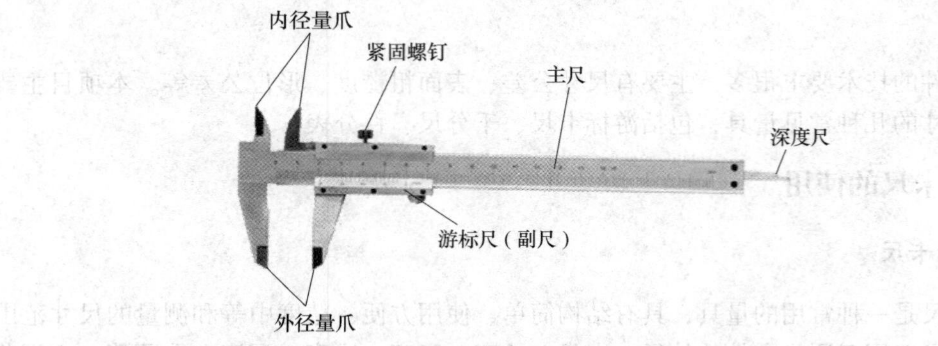

图 1-3-2　普通游标卡尺

3.1.3　读数方法

游标卡尺是利用主尺刻度间距与游标尺刻度间距读数的。如图 1-3-3 所示以精度为 0.02mm 游标卡尺为例，主尺的刻度间距为 1mm，当量爪合并时，主尺上 49mm 刚好等于游标尺上 50 格，所以游标尺每格长为 49÷50＝0.98mm。主尺与游标尺的刻度间距相差为 1-0.98＝0.02mm，因此它的测量精度为 0.02mm（也称分度值 0.02mm）。

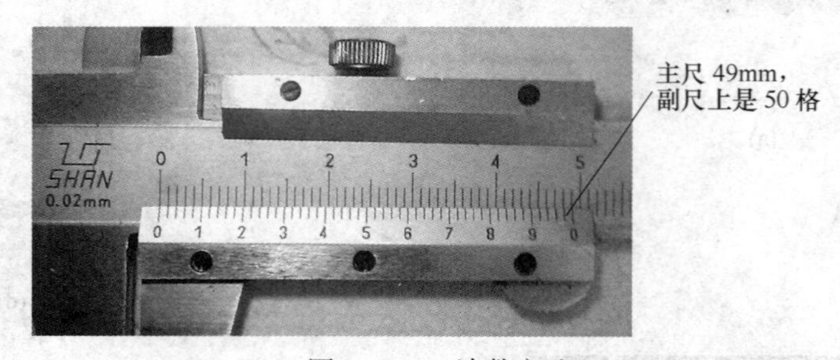

图 1-3-3　读数方法

游标卡尺读数分三个步骤，以图 1-3-4 为例。

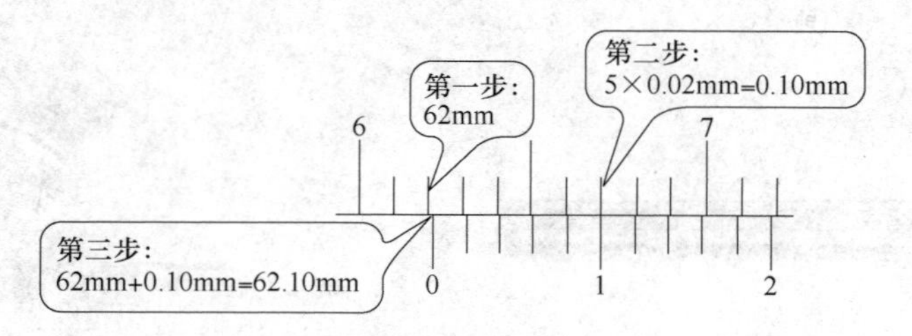

图 1-3-4　读数方法

第一步，在主尺上读出游标零线以左的刻度，就是测量结果的整数部分。

第二步，找到游标上与主尺对齐的刻度线，数出对齐的刻度线与零线之间总格数，再乘以分度值0. 02mm，就是测量结果的小数部分。

第三步，两个结果相加即为测量尺寸。

3. 1. 4 注意事项

（1）测量前应把卡尺揩干净，检查卡尺的两个测量面和测量刃口是否平直无损，把两个量爪紧密贴合时，应无明显的间隙，同时游标和主尺的零位刻线要相互对准。这个过程称为校对游标卡尺的零位。

（2）测量零件时，不允许过分施加压力，以免卡尺弯曲或磨损。

（3）读数时，视线尽可能和卡尺的刻线表面垂直，以免造成读数误差。

3. 2 外径千分尺的使用

3. 2. 1 外径千分尺介绍

千分尺的种类很多，有外径千分尺（图1-3-5）、内径千分尺（图1-3-6）、深度千分尺（图1-3-7）、公法线千分尺等，它们的基本原理都是一样的，以下以外径千分尺为例进行说明。学会了外径千分尺，其他类别的千分尺就可以掌握了。

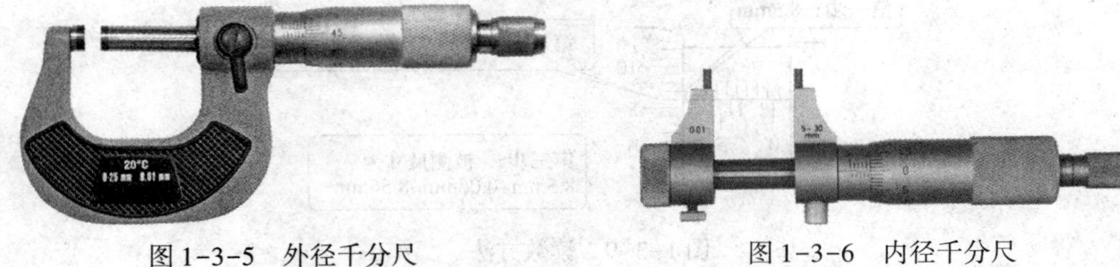

图1-3-5 外径千分尺　　图1-3-6 内径千分尺

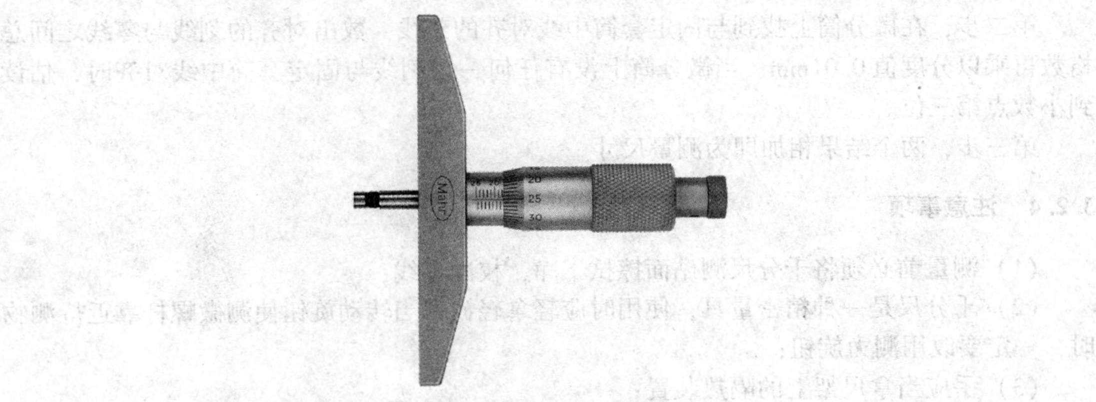

图1-3-7 深度千分尺

3. 2. 2 外径千分尺结构组成

外径千分尺由尺架、测砧、测微螺杆、锁紧螺钉、微分筒、固定套筒、测力旋钮、隔热板等组成，如图1-3-8 所示。

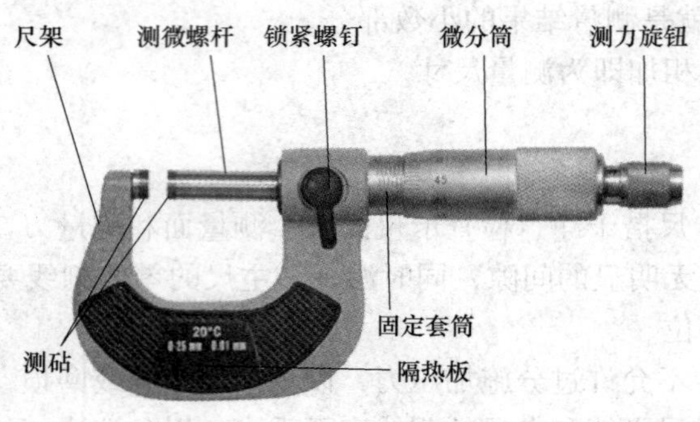

图 1-3-8　外径千分尺

3.2.3　读数方法

根据螺旋运动原理，当微分筒旋转 1 周时，测微螺杆前进或后退一个螺距 0.5mm。这样，当微分筒旋转一个分度后，它转过了 1/50 周，这时螺杆沿轴线移动 1/50×0.5mm = 0.1mm，因此，使用千分尺可以准确读出 0.01mm 的数，0.01mm 就是千分尺的分度值。

游标卡尺读数分三个步骤，以图 1-3-9 为例。

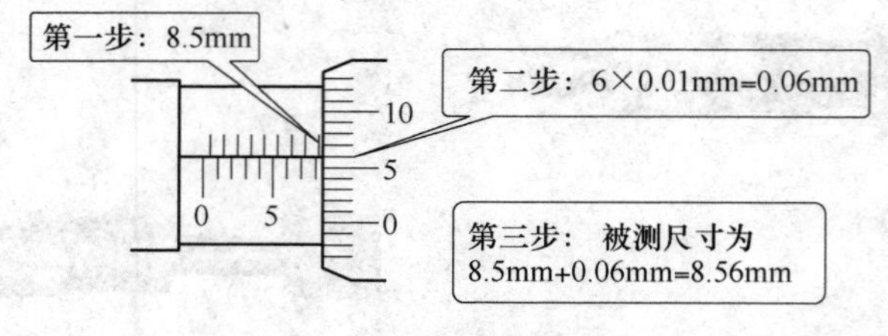

图 1-3-9　读数方法

第一步，读出固定套筒上的刻线所显示的最大数值。

第二步，在微分筒上找到与固定套筒中线对齐的刻线，数出对齐的刻线与零线之间总格数再乘以分度值 0.01mm，当微分筒上没有任何一根刻线与固定套筒中线对齐时，估读到小数点第三位。

第三步，两个结果相加即为测量尺寸。

3.2.4　注意事项

（1）测量前必须将千分尺测砧面擦拭干净，校准零线；

（2）千分尺是一种精密量具，使用时应轻拿轻放，当转动旋钮使测微螺杆靠近待测物时，一定要改用测力旋钮；

（3）手应当拿尺架上的隔热装置；

（4）长期不使用时可抹黄油并置盒内。

3.3　百分表的使用

3.3.1　百分表

百分表（图 1-3-10）是一种精度较高的比较量具，精度为 0.01mm，需要固定在百分表架上使用，它只能测出相对数值，不能测出绝对值，主要用于检测工件的形状和位置误差（如圆度、平面度、垂直度、跳动等），也可用于校正零件的安装位置以及测量零件的内径等。学会百分表之后，其他原理类似的如千分表、杠杆百分表等就自然可以掌握了。

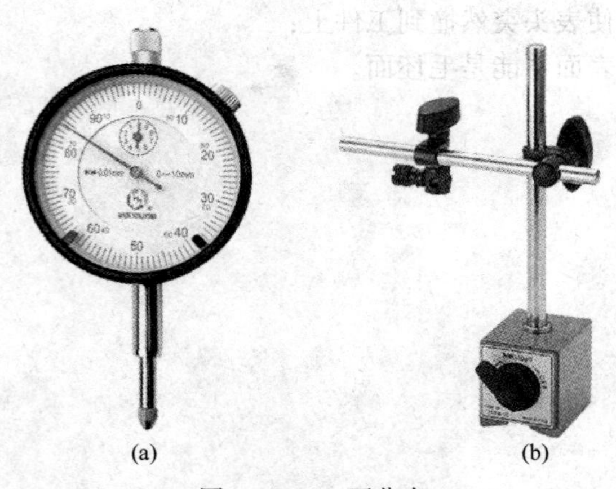

(a)　　(b)

图1-3-10　百分表

（a）百分表；（b）百分表架

3.3.2　百分表结构组成

百分表由测头、测杆、装夹套、刻度盘、指针等组成，如图1-3-11所示。

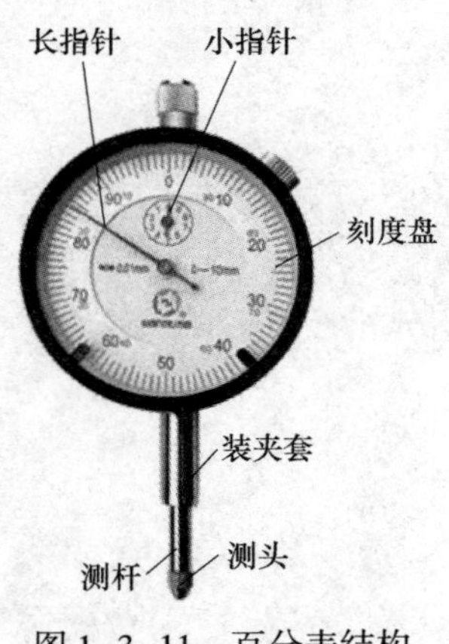

图1-3-11　百分表结构

3.3.3　读数方法

百分表的工作原理是，将被测尺寸引起的测杆微小直线移动经过齿轮传动放大变为指针在刻度盘上的转动，从而读出被测尺寸的大小。百分表是利用齿条齿轮或杠杆齿轮传动，测杆的直线位移变为指针的角位移的计量器具。

百分表的读数方法为：先读小指针转过的刻度线（即毫米整数），再读大指针转过的刻度线（即小数部分），并乘以0.01，然后两者相加，即得到所测量的数值。

3.3.4　注意事项

（1）使用前需检查测杆活动的灵活性，测杆在套筒内的移动要灵活；

（2）测量时不能超过测杆的量程；

（3）测量时，不要使表头突然撞到工件上；

（4）待测量的工件表面不能是毛坯面。

项目 4　GSK980TDB 数控车床编程指令

4.1　G00——刀具快速定位指令

4.1.1　应用

该指令主要使刀具快速靠近或快速离开工件。

4.1.2　指令格式

G00X(U)_ Z(W)_ ；

(1) G00 为模态指令，刀具移动速度由机床系统决定，不需要在程序中设定，实际的移动速度可通过机床面板的快速倍率键进行修调。

(2) *X*、*Z* 为刀具运动目标点坐标；*U*、*W* 为刀具运动目标点相对于运动起点的增量坐标。*X*(*U*)、*Z*(*W*) 可省略一个或全部，当省略一个时，表示该轴的起点与终点坐标值一致；同时省略表示终点与起点是同一位置。*X* 与 *U*、*Z* 与 *W* 在同一程序段时，*X*、*Z* 有效，*U*、*W* 无效。

4.1.3　代码轨迹

如图 1-4-1 所示，刀具从 *P* 快速定位到 *A* 点时，代码轨迹为：从 *P* 点沿着 45°方向走到 *D* 点，然后平行 *Z* 轴走到 *A* 点。刀具从 *C* 快速定位到 *P* 点时，代码轨迹为：从 *C* 点沿着 45°方向走到 *E* 点，然后平行 *Z* 轴走到 *P* 点。

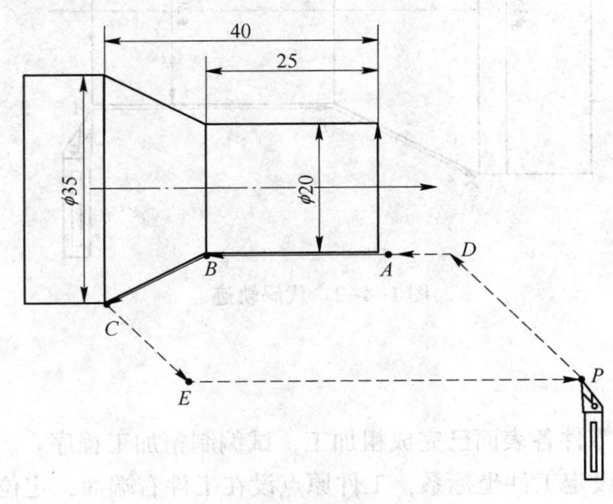

图 1-4-1　代码轨迹

4.1.4　注意事项

在车削时，不能把快速定位点选在工件上，应该离开工件表面 2 ~5mm。

4.2　G01——直线插补指令

4.2.1　应用

该指令用于完成端面、内圆、外圆、槽、倒角、圆锥等表面的加工。

4.2.2　指令格式

G01X(U)_ Z(W)_ F_ ；

（1）G01 为模态指令；

（2）*X*、*Z* 为刀具运动目标点坐标；

（3）*U*、*W* 为刀具运动目标点相对于运动起点的增量坐标；

（4）*F* 为进给速度，*F* 值为模态，进给速度单位有 mm/r、mm/min 两种；*F* 代码值执行后，此代码值一直保持，直至新的 *F* 代码值被执行。

4.2.3　代码轨迹

如图 1-4-2 所示为代码轨迹。

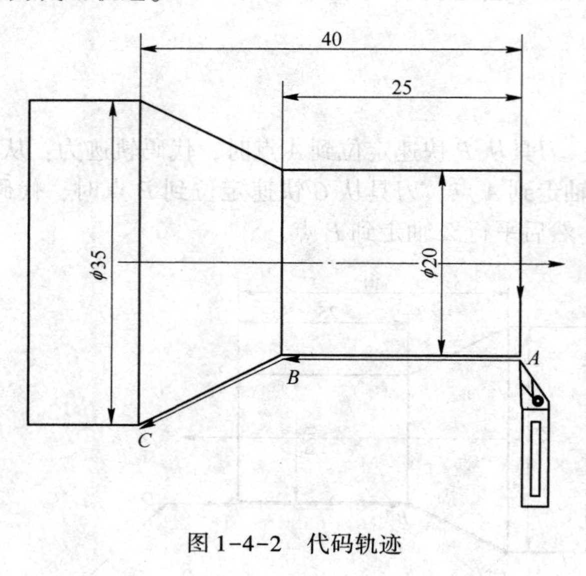

图 1-4-2　代码轨迹

4.2.4　编程实例

如图 1-4-3 所示零件各表面已完成粗加工，试编制精加工程序。

（1）分析图样，设定工件坐标系，工件原点设在工件右端面，定位点设在工件右前方 *P* 点处。

（2）确定工艺路线，如图 1-4-3 所示，刀具从定位点出发，加工结束后再返回 *P* 点，

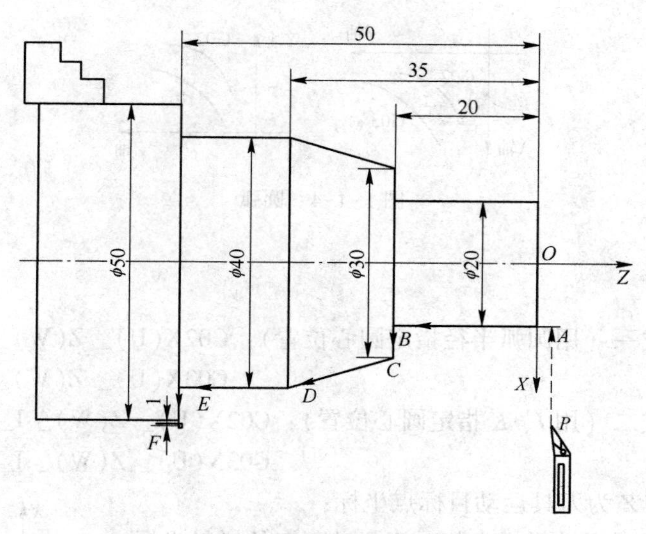

图 1-4-3　工艺路线

工艺路线为：$P \to A \to B \to C \to D \to E \to F \to P$。

（3）计算刀尖运动轨迹坐标：$P(52, 2)$、$A(20, 2)$、$B(20, -20)$、$C(30, -20)$、$D(40, -35)$、$E(40, -50)$、$F(52, -50)$。

（4）程序如下：

程序	说明
O0001；	程序名
G99G00X200Z100T0101；	定义每转进给量并让刀退到安全位置调用01号刀01号刀补
M03S800；	主轴正转800r/min
G00X52Z2；	快速定位至 *P* 点
X20；	快速定位至 *A* 点
G01Z-20F0.1；	车外圆（$A \to B$）
X30；	车平面（$B \to C$）
X40Z-35；	车锥面（$C \to D$）
Z-50；	车外圆（$D \to E$）
X52；	车平面（$E \to F$）
G00X200Z100M05；	刀具快速退到换刀点，主轴停止
M30；	程序结束
%	程序结束符

4.3　G02/G03——圆弧插补指令

4.3.1　应用

该指令用于圆弧面的加工。圆弧顺、逆的判断，圆弧的判断主要与刀架所处的位置有关。前刀架的圆弧判断方法如图 1-4-4 所示，刀具沿 *Z* 轴的正方向往负方向走刀加工外轮廓时，凸圆为逆时针圆弧用 G03 指令，凹圆为顺时针圆弧用 G03 指令。后刀架的判断方法与前刀架相反。

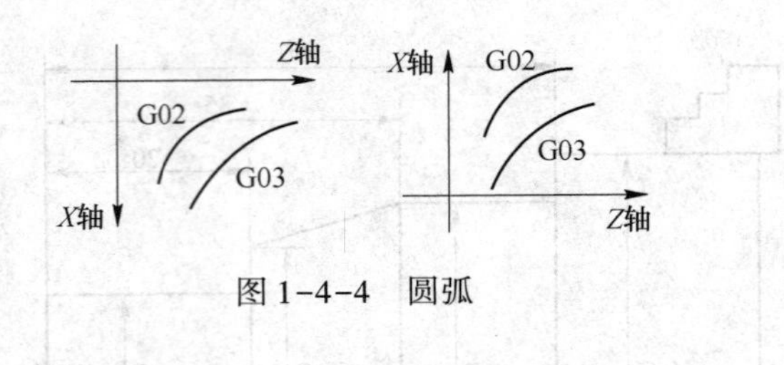

图 1-4-4　圆弧

4.3.2　指令格式

（1）指令格式一（用圆弧半径指定圆心位置）：G02X(U)_ Z(W)_ R_ F_ ;

G03X(U)_ Z(W)_ R_ F_ ;

（2）指令格式二（用 *I*、*K* 指定圆心位置）：G02X(U)_ Z(W)_ I_ K_ F_ ;

G03X(U)_ Z(W)_ I_ K_ F_ ;

其中：1）*X*、*Z* 为刀具运动目标点坐标；

2）*U*、*W* 为刀具运动目标点相对于运动起点的增量坐标；

3）*F* 为进给速度，进给速度单位有 mm/r、mm/min 两种；

4）*R* 为圆弧半径；

5）*I*、*K* 为圆心相对于圆弧起点的增量值。如图 1-4-5 所示，*I* 为圆心与圆弧起点在 *X* 方向的差值；*K* 为圆心与圆弧起点在 *Z* 方向的差值。*I*=圆心坐标-圆弧起点的 *X* 坐标；*K*=圆心坐标 *Z*-圆弧起点的 *Z* 坐标。

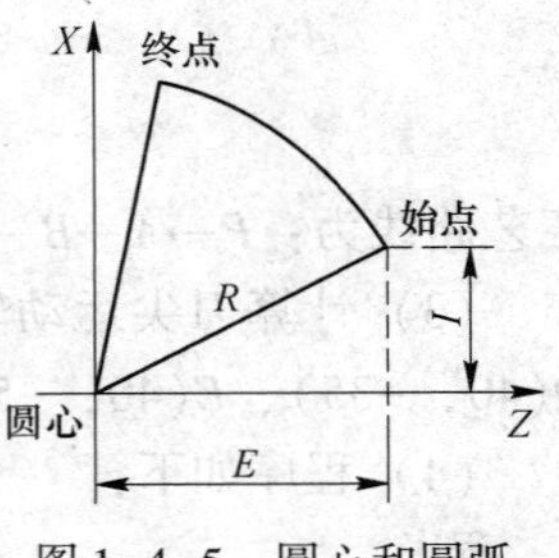

图 1-4-5　圆心和圆弧

4.3.3　编程实例

如图 1-4-6 所示，刀尖从圆弧起点 *A* 点移动到终点 *B* 点，试写出圆弧插补的程序段。

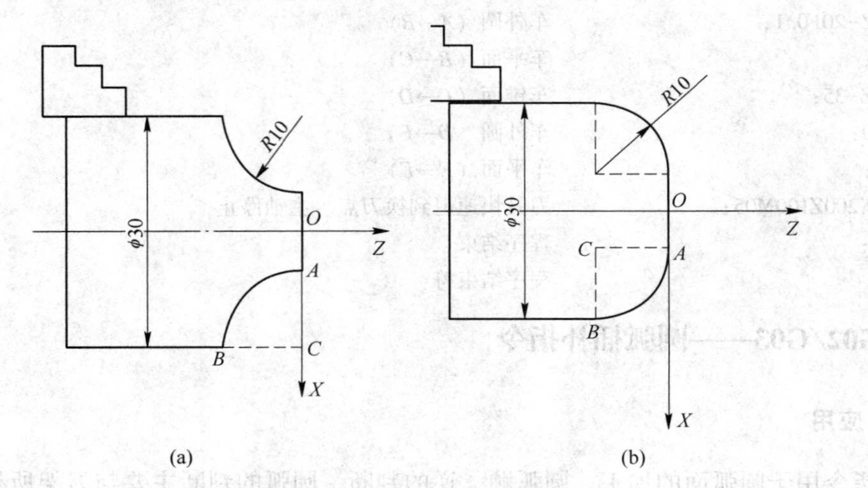

图 1-4-6　圆弧插补图

根据 GSK980TDB 数控系统设定图 1-4-6(a) 为顺圆弧插补，图 1-4-6(b) 为逆圆弧插补，其程序段见表 1-4-1。

表 1-4-1

编程	图 1-4-6(a)	图 1-4-6(b)
绝对方式 R 编程	G99G02X30Z-10R10F0.1；	G99G03X30Z-10R10F0.1；
增量方式 R 编程	G99G02U20W-10R10F0.1；	G99G03U20W-10R10F0.1；
绝对方式 I、K 编程	G99G02X30Z-10I20K0F0.1	G99G03X30Z-10I0K-10F0.1
增量方式 I、K 编程	G99G02U20W-10I20K0F0.1	G99G03U20W-10I0K-10F0.1

如图 1-4-7 所示，写出刀尖从工件零点出发，车削圆弧手柄的程序段。

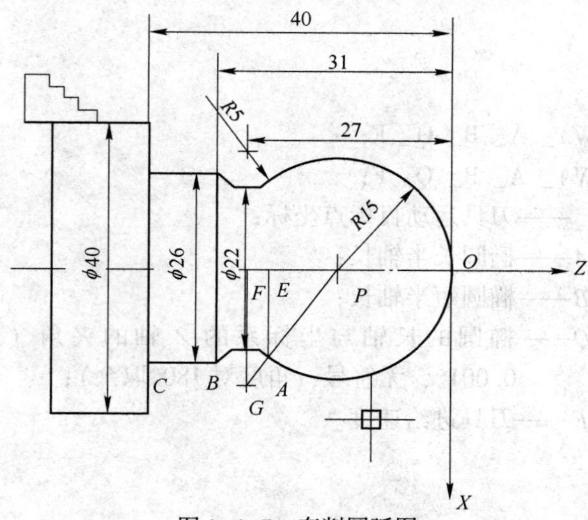

图 1-4-7　车削圆弧图

（1）求刀尖轨迹坐标：

$PA=15$，$AG=5$，$PG=PA+AG=15+5=20$，$FG=22/2+5=16$，$PF=27-15=12$

由 $PA/PG=PE/PF$ 可知 $PE=PA\times PF/PG=15\times12/20=9$

由 $PA/PG=EA/FG$ 可知 $EA=PA\times FG/PG=15\times16/20=12$

各点坐标如下：$A(24，-24)$、$B(26，-31)$、$C(26，-40)$。

（2）程序段如下：

O0002；	程序名
G99G00X200Z100T0101；	定义每转进给量并让刀退到安全位置调用 01 号刀 01 号刀补
M3S800；	主轴正转 800r/min
G00X42Z2；	快速定位
X0；	快速定位
G01Z0F0.1；	靠近工件
G03X24Z-24R15；	切削 R15mm 圆弧段
G02X26Z-31R5；	切削 R5mm 圆弧段
G01Z-40；	切削 ϕ26mm 外圆
G00X42Z2；	返回起点
X200Z100M05；	将刀退到安全位置；主轴停转
M30；	程序结束

4.4 G6.2/G6.3——椭圆插补指令

4.4.1 应用

（1）G6.2、G6.3 为模态 G 代码。

（2）G6.2 代码运动轨迹为从起点到终点的顺时针（后刀座坐标系）/逆时针（前刀座坐标系）椭圆。

（3）G6.3 代码运动轨迹为从起点到终点的逆时针（后刀座坐标系）/顺时针（前刀座坐标系）椭圆。

4.4.2 指令格式

G6.2X(U)_ Z(W)_ A_ B_ Q_ F;

G6.3X(U)_ Z(W)_ A_ B_ Q_ F;

其中 *X*(U)、*Z*(W) ——刀具运动目标点坐标；

A——椭圆长半轴长；

B——椭圆短半轴长；

Q——椭圆的长轴与坐标系的 *Z* 轴的夹角（逆时针方向，单位：0.001°，无符号，角度对180°取余）；

F——刀具进给速度。

4.4.3 代码轨迹

如图 1-4-8 所示，为 G6.2 和 G6.3 轨迹图。

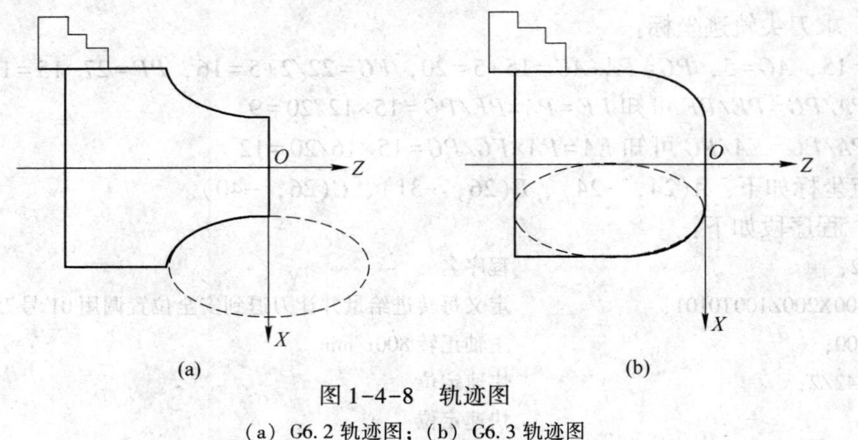

图 1-4-8 轨迹图

（a）G6.2 轨迹图；（b）G6.3 轨迹图

4.4.4 注意事项

（1）*A*、*B* 是非模态参数，如果不输入默认为 0，当 *A*=0 或 *B*=0 时，系统产生报警；当 *A*=*B* 时作为圆弧（G02/G03）加工；

（2）*Q* 值为非模态参数，每次使用都必须指定，省略时默认为 0°，长轴与 *Z* 轴平行或重合；

（3）Q 的单位为0.001°，若与 Z 轴的夹角为180°，程序中需输入 Q180000，如果输入 Q180 或 Q180.0，均认为是 0.18°；

（4）椭圆只加工小于180°的椭圆；

（5）G6.2、G6.3 代码可用于复合循环 G70～G73 中，注意事项同 G02、G03；

（6）G6.2、G6.3 代码可用于 C 刀补中，注意事项同 G02、G03。

4.4.5　编程实例

如图 1-4-9 所示，试编写椭圆加工程序（表 1-4-2）。

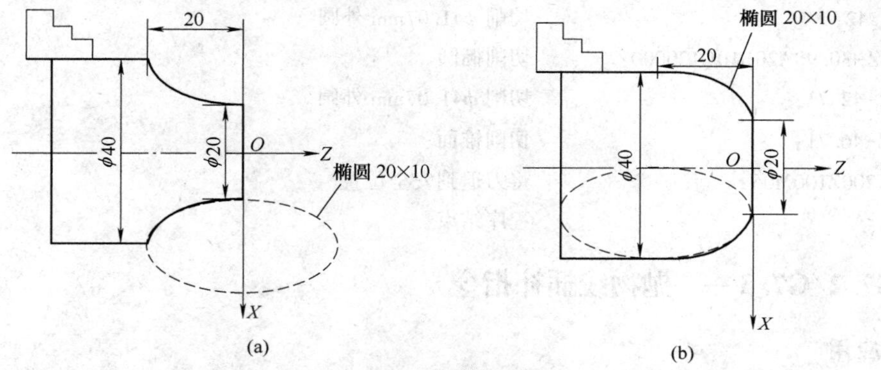

图 1-4-9　椭圆加工图

表 1-4-2

编程	图 1-4-9(a)	图 1-4-9(b)
绝对方式编程	G99G6.2X40Z-20A20B10Q0F0.1	G99G6.3X40Z20A20B10Q0F0.1
增量方式编程	G99G6.2U20W-20A20B10Q0F0.1	G99G6.3U20W-20A20B10Q0F0.1

如图 1-4-10 所示，工件各表面已完成加工，试编制精加工程序。

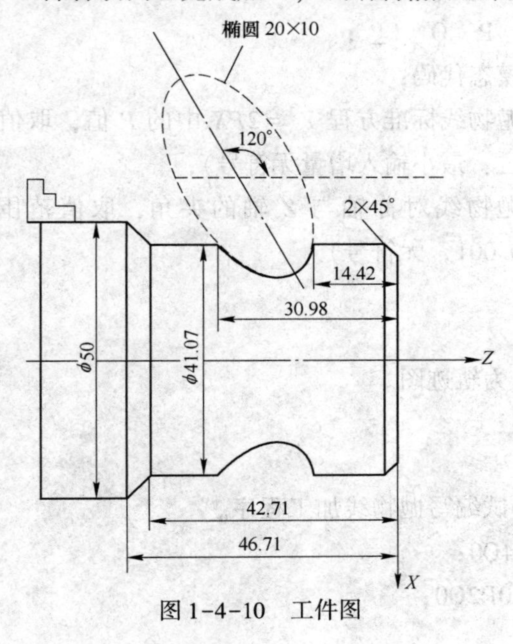

图 1-4-10　工件图

精加工程序如下：

O0003；	程序名
G99G00X200Z100T0101；	定义每转进给量并让刀退到安全位置调用01号刀01号刀补
M03S800；	主轴正转800r/min
G00X52Z2；	快速定位
X37.07；	快速定位
G01Z0F0.1；	靠近加工起点
X41.07Z-2；	切削倒角
Z-14.42；	切削 ϕ41.07mm 外圆
G6.2Z-30.98A20B10Q120000；	切削椭圆
G01Z-42.71；	切削 ϕ41.07mm 外圆
X50Z-46.71；	切削锥面
G00X200Z100M05；	将刀退到安全位置
M30；	程序结束

4.5 G7.2/G7.3——抛物线插补指令

4.5.1 应用

G7.2/G7.3为抛物线插补指令，其中G7.2代码运动轨迹为从起点到终点的顺时针（后刀座坐标系）/逆时针（前刀座坐标系）抛物线，G7.3代码运动轨迹为从起点到终点的逆时针（后刀座坐标系）/顺时针（前刀座坐标系）抛物线。

4.5.2 指令格式

G7.2X(U)_ Z(W)_ P_ Q_ F_ ；

G7.3X(U)_ Z(W)_ P_ Q_ F_ ；

其中 G7.2、G7.3——模态代码；

P——抛物线标准方程 $Y^2=2PX$ 中的 *P* 值，取值范围1～99999999（单位：最小输入增量无符号）；

Q——抛物线对称轴与 *Z* 轴的夹角，取值范围1～99999999（单位：0.001，无符号）。

4.5.3 代码轨迹

如图1-4-11所示，为轨迹图。

4.5.4 编程实例

如图1-4-12所示，试编写抛物线加工程序。

G99G7.3X60 Z-50P4Q0；

或 G99G7.3U40W-50P2Q0；

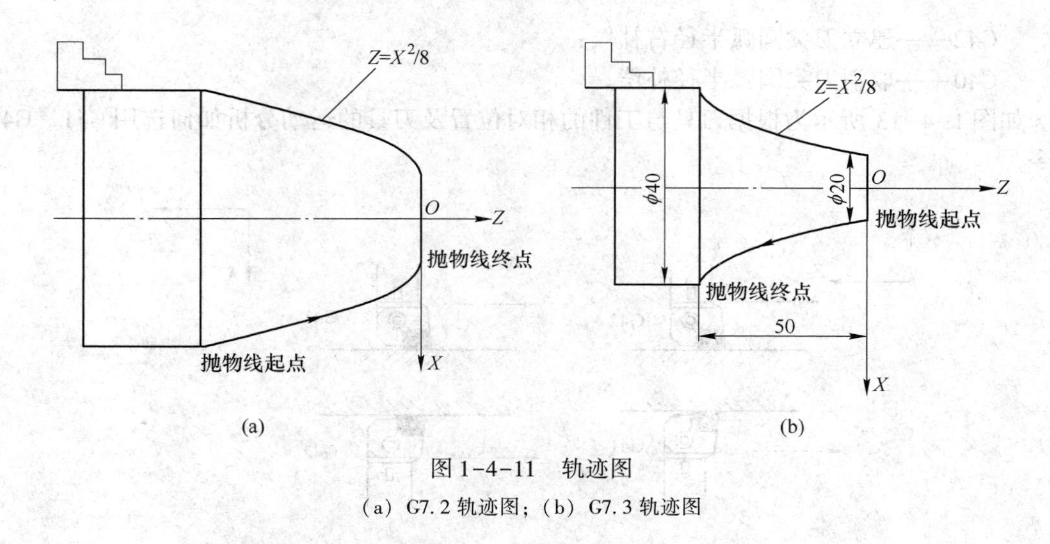

图 1-4-11　轨迹图

（a）G7.2 轨迹图；（b）G7.3 轨迹图

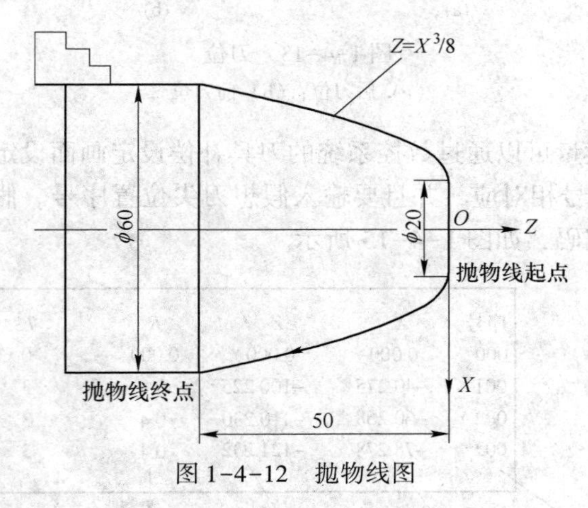

图 1-4-12　抛物线图

4.6　G41/G42——刀尖半径补偿指令

4.6.1　应用

任何刀尖不可能做到绝对的锋利：一是因为工艺问题，二是因为绝对锋利的刀尖不耐用，所以所用的刀尖都是做成有一定的圆弧的。因为这一点圆弧，在加工锥面或者圆弧类型的工件时会出现加工误差，为避免这一类误差，可以用 G41/G42——刀尖半径补偿指令进行解决。

4.6.2　指令格式

G41G00(G01)X_ Z_ ;
G42G00(G01)X_ Z_ ;
G40G00(G01)X_ Z_ ;

其中　G41——建立刀尖圆弧半径左补偿；

G42——建立刀尖圆弧半径右补偿；

G40——取消刀尖圆弧半径补偿。

如图 1-4-13 所示为根据刀具与工件的相对位置及刀具的运动分析如何选用 G41、G42 指令。

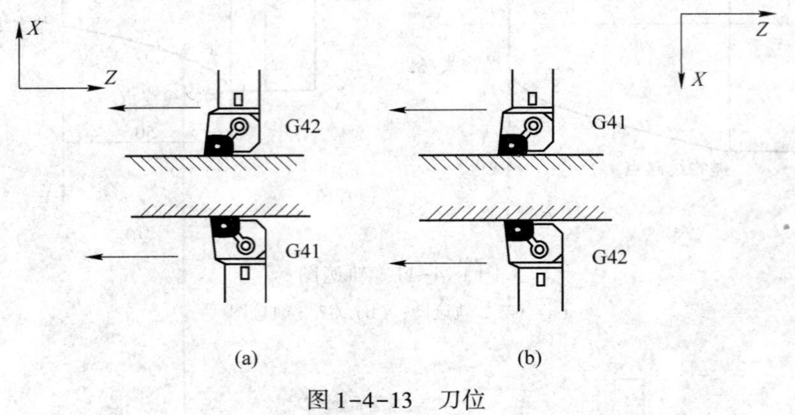

图 1-4-13　刀位

(a) 后刀位；(b) 前刀位

刀尖圆弧半径补偿量可以通过数控系统的刀具补偿设定画面设定，如图 1-4-14 所示。T 指令要与刀具补偿编号相对应，并且要输入假想刀尖位置序号。假想刀尖位置序号是对不同形式刀具的一种编码，如图 1-4-15 所示。

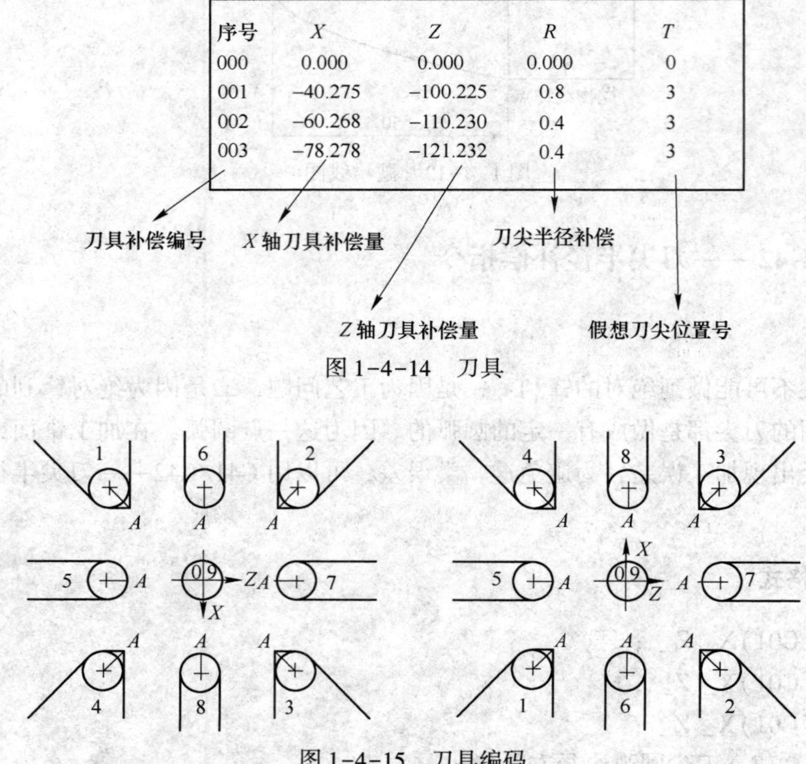

序号	X	Z	R	T
000	0.000	0.000	0.000	0
001	−40.275	−100.225	0.8	3
002	−60.268	−110.230	0.4	3
003	−78.278	−121.232	0.4	3

图 1-4-14　刀具

图 1-4-15　刀具编码

4.6.3　编程实例

试用刀尖半径补偿指令编写如图1-4-16所示工件的精加工程序。

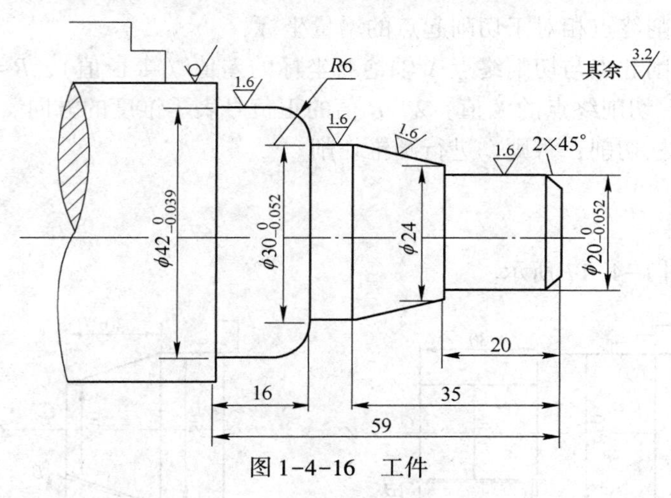

图1-4-16　工件

O0004;	程序名
G99G00X200Z100;	设定进给速度单位为mm/r，让刀退到安全位置
M03S1600T0101;	主轴正转，转速1600r/min，调用1号刀1号刀补
G42G00X50Z3;	快速定位并加入刀尖圆弧半径补偿
G00X16;	靠近倒角 *X* 坐标
G01Z0F0.1;	靠近倒角 *X* 坐标
X20Z-2;	加工倒角
Z-20;	加工 ϕ20mm 外圆
X24;	加工 ϕ24mm 外圆
X30Z-35;	加工锥度
Z-43;	加工 ϕ24mm 外圆
G03X42Z-49R6;	加工 *R*6mm 圆弧
G01Z-59;	加工 ϕ24mm 外圆
X50;	退刀
G40G00X200Z100;	将刀退到安全位置并取消刀尖圆弧半径补偿
M30;	程序结束

4.7　G90——轴向切削单一循环指令

4.7.1　应用

从切削点开始，进行径向（*X* 轴）进刀、轴向（*Z* 轴或 *X*、*Z* 轴同时）切削，实现柱面或锥面切削循环，如图1-4-17所示。

4.7.2　代码格式

G90X(U)_ Z(W)_ F_ ;　　（圆柱切削）

G90X(U)_ Z(W)_ R_ F_ ;　　(圆锥切削)

其中　G90——模态代码;

X、*Z*——切削终点的绝对坐标;

U、*W*——切削终点相对于切削起点的增量坐标;

R——切削起点与切削终点 *X* 轴绝对坐标的差值（半径值），*R*=（切削起点的 *X* 值-切削终点的 *X* 值)/2，*R* 值的正负号表示锥度的方向。当 *R*=0 时，进行圆柱切削；否则，进行圆锥切削。

4.7.3　代码轨迹

代码轨迹如图 1-4-17 所示。

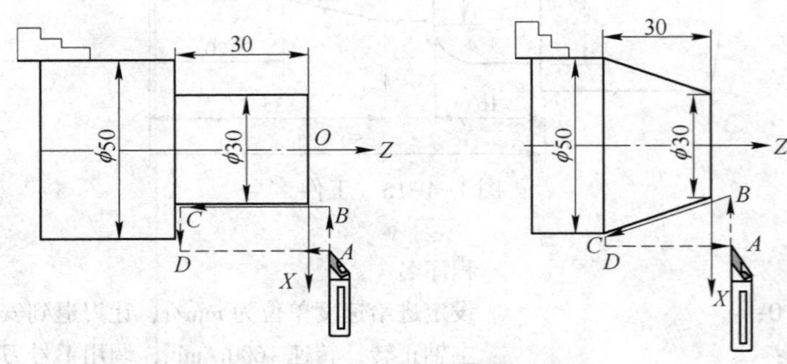

图 1-4-17　圆柱、圆锥切削图
(a) 圆柱切削；(b) 圆锥切削

4.7.4　编程实例

试用 G90 指令编制图 1-4-18(a) 所示工件的加工程序。

```
O0004;
G99G00X200Z100;                设定进给速度单位为 mm/r，让刀退到安全位置
M03S600T0101;                  主轴正转，转速 600r/min，调用第一把刀、第一号刀补
G00X52Z2;                      快速定位
G90X46Z-30F0.15;               循环加工 1，切削深度 2mm
X42;                           循环加工 2，切削深度 2mm
X38;                           循环加工 3，切削深度 2mm
X34;                           循环加工 4，切削深度 2mm
X30;                           循环加工 5，切削深度 2mm
G00X200Z100M05;                主轴停转，刀回到安全位置
M30;                           程序结束
```

试用 G90 指令编制图 1-4-18(b) 所示圆锥轮廓的加工程序。

解：因为刀具从循环起点开始沿径向快速移动，然后按 *F* 指定的进给速度沿锥面运动，到锥面另一端后沿径向以进给速度退出，最后快速返回循环起点。*X*、*Z* 为圆锥面切削终点坐标值，其加工顺序按 1、2、3 进行。*R* 为锥体大小端的半径差，由于刀具沿径向移动是快速移动，为避免碰刀，刀具在 *Z* 方向应有一定距离。所以在计算 *R* 时，应该按延伸后的值进行计算。如图 1-4-18(b) 所示，*R* 值应为-5.5，而不是-5。*R*=(*X* 起点-*X* 终

点）/2。程序编写如下：

O0005；	程序名
G99G00X200Z100；	设定进给速度单位，让刀退到安全位置
M03S500T0101；	主轴正转，转速为500r/min，调用第一把刀第一号刀补
G00X42Z2；	快速定位
G90X40Z-40R-5.5F0.2；	循环加工1，切削深度2.5mm，以0.2mm/r进给
X35；	切削循环2，切削深度2.5mm
X30；	切削循环2，切削深度2.5mm
G00X200Z100M05；	快速退刀，主轴停转
M30；	程序结束

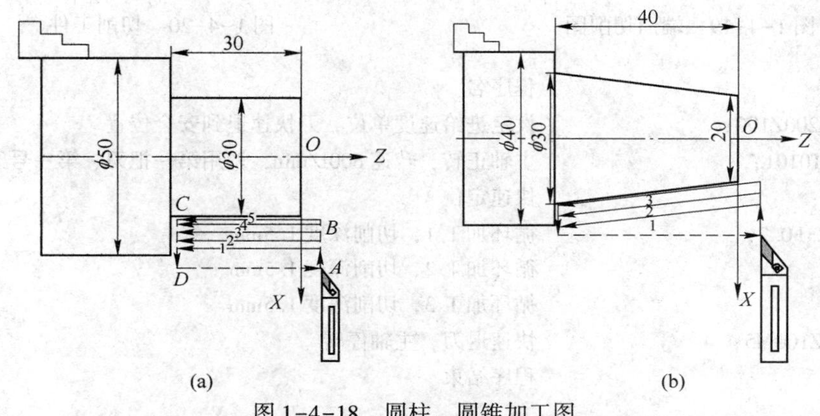

图1-4-18　圆柱、圆锥加工图

4.8　G94——端面切削循环指令

4.8.1　应用

从切削点开始，轴向（Z轴）进刀、径向（X轴或X、Z同时）切削，实现端面或锥面切削循环，代码的起点或终点相同。该指令常用来平端面或取总长。

4.8.2　代码格式

G94X(U)_ Z(W)_ F_ ；

其中　G94——模态代码；

X，Z——端面切削终点的绝对坐标；

U，W——端面切削终点相对端面切削起点的增量坐标；

F——进给速度。

4.8.3　代码轨迹

如图1-4-19所示，为端面切削图。

4.8.4　编程实例

如图1-4-20所示工件，已知毛坯超出理论值4.5mm，试用G94指令完成取总长。

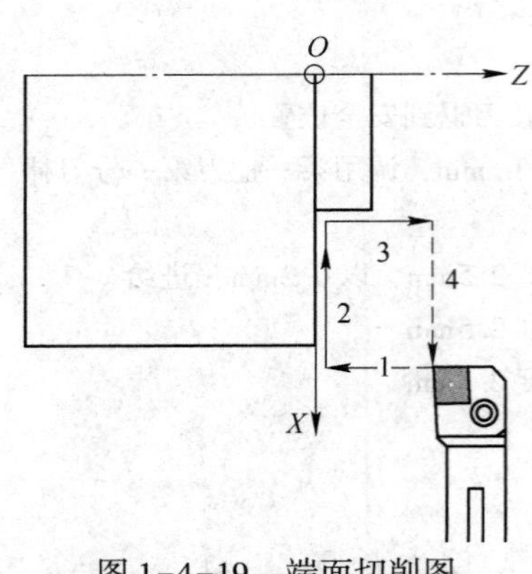

图 1-4-19　端面切削图

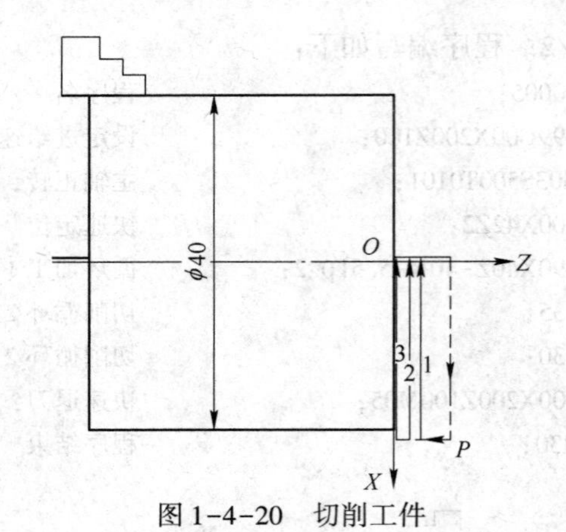

图 1-4-20　切削工件

O0001；	程序名
G99G00X200Z100；	设定进给速度单位，刀快速退到安全位置
M03S600T0101；	主轴正转，转速 600r/min，调用第一把刀、第一号刀补
G0X42Z2；	快速定位
G94X-1Z3F0.2；	循环加工 1，切削深度 1.5mm
Z1.5；	循环加工 2，切削深度 1.5mm
Z0F0.1；	循环加工 3，切削深度 1.5mm
G00X200Z100M5；	快速退刀，主轴停转
M30；	程序结束

4.9　G71——轴向粗车复合循环指令

4.9.1　应用

该指令只需指定粗加工的背吃刀量、精加工余量和精加工路线，系统可自动给出加工路线和次数。

4.9.2　代码格式

G71U(Δd)R(e)F_ ；

G71P(ns)Q(nf)U(Δu)W(Δw)；

其中　G71——非模态指令；

Δd——X 方向的切削深度，无正负号，为半径值；

e——X 方向的退刀量，无正负号，为半径值；

ns——精车轨迹的第一个程序段序号；

nf——精车轨迹的最后一个程序段序号；

Δu——X 方向的精加工余量，为直径值；

Δw——Z 方向的精加工余量；

F——切削进给速度。

注意事项：

(1) X 方向的尺寸必须是单调递增或单调递减的；

（2）ns ~ nf 段的程序中只能含有 G00、G01、G02、G03 等 G 功能指令，且其中的 F、S、T 指令无效，但在 G70 指令循环中有效。

（3）ns、nf 段必须由 G00 或 G01 指令指定，且 ns 指定的程序段只能对 *X* 值定义，不能对 *Z* 值定义；

（4）循环程序段中，不能调用子程序。

4.9.3　代码轨迹

如图 1-4-21 所示，为零件加工量图。

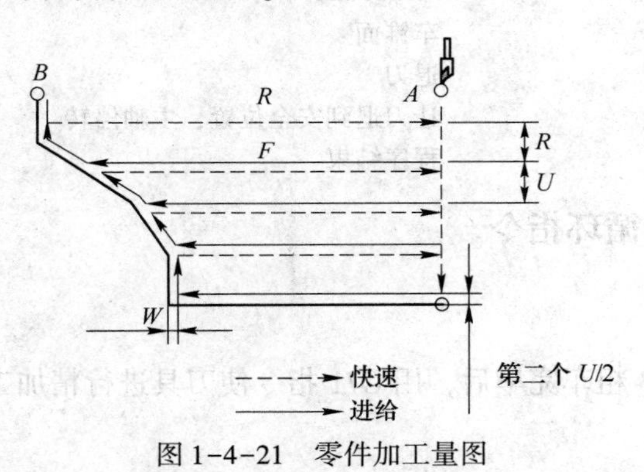

图 1-4-21　零件加工量图

4.9.4　编程实例

编制如图 1-4-22 所示零件的粗加工程序，采用 G71 指令，粗车切深为 2mm，退刀量为 0.5mm，*X* 方向精车余量为 0.5mm，*Z* 方向为 0.1mm.

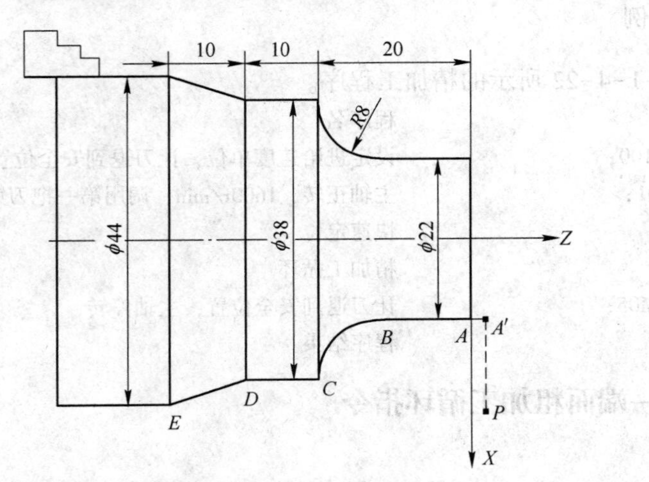

图 1-4-22　零件

解：求节点坐标

P(46，2)、*A*′(22，2)、*A*(22，0)、*B*(22，－12)、*C*(38，－20)、*D*(38，－30)、*E*(44，－40)。

编写程序

O1234;　　　　　　　　　　程序名

```
G99G00X200Z100;              设定进给速度单位，让刀退到安全位置
M03S500T0101;                主轴正转，500r/min，调用第一把刀、第一号刀补
G00X46Z2M08;                 快速定位，开切削液
G71U2R0.5;                   外圆粗车循环，给定加工参数
G71P10Q20U0.6W0.3F0.2;       N10 到 N20 为循环部分轮廓
N10 G00X22;                  定位
G01Z-12F0.1;                 车 φ22mm 外圆
G02X38Z-20R8;                加工 R8mm 圆弧面
G01Z-30;                     车 φ38mm 外圆
X44Z-40;                     车锥面
N20 G00X46;                  退刀
G00X200Z100M09M05;           让刀退到安全位置，主轴停转
M30;                         程序结束
```

4.10　G70——精车循环指令

4.10.1　应用

用 G71、G72、G73 粗车完毕后，用 G71 指令使刀具进行精加工。

4.10.2　指令格式

G70 P(ns)Q(nf)

其中　ns——精加工路线的第一个程序段序号；

nf——精加工路线的最后一个程序段序号。

4.10.3　编程实例

试编写如图 1-4-22 所示的精加工程序。

```
O1234;                       程序名
G99G00X200Z100;              设定进给速度单位，让刀退到安全位置
M03S1600T0101;               主轴正转，1600r/min，调用第一把刀第一号刀补
G00X46Z2;                    快速定位
G70P10Q20;                   精加工循环
G00X200Z100M05;              让刀退到安全位置，主轴停转
M30;                         程序结束
```

4.11　G72——端面粗加工循环指令

4.11.1　应用

G72 与 G71 均为粗加工循环指令，而 G72 是沿着平行于 X 轴进行切削循环加工的，适用于圆柱棒料毛坯端面方向粗车。

4.11.2　代码格式

G72　W(Δd)　R(e)　F(f)；

G72　P　(ns)　Q(nf)　U(Δu)　W(Δw);

其中　G72——非模态指令;

Δd——Z 方向的切削深度，无正负号;

e——Z 方向的退刀量，无正负号;

ns——精车轨迹的第一个程序段序号;

nf——精车轨迹的最后一个程序段序号;

Δu——X 方向的精加工余量，为直径值;

Δw——Z 方向的精加工余量;

F——切削进给速度。

4.11.3　代码轨迹

代码轨迹，如图 1-4-23 所示。

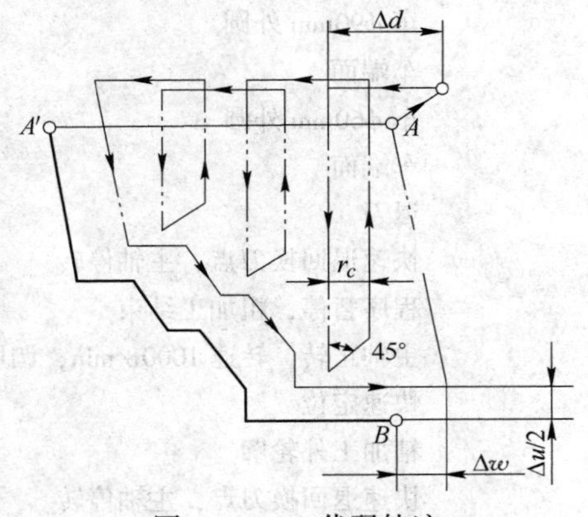

图 1-4-23　代码轨迹

4.11.4　编程实例

试用 G72 指令粗加工如图 1-4-24 所示工件。

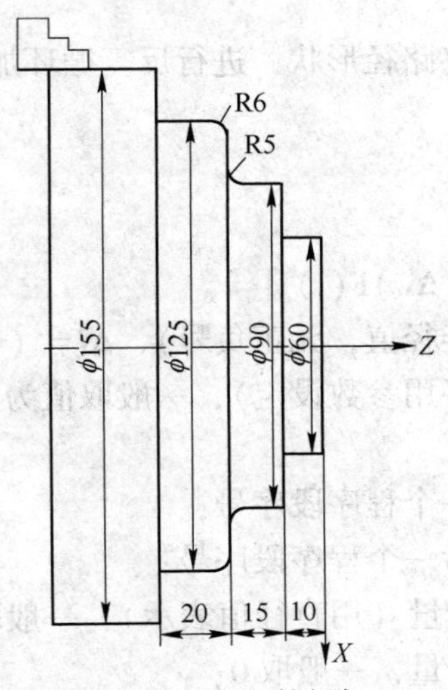

图 1-4-24　工件粗加工

解：程序编写如下：

O0018;	程序名
G99G0X200Z100;	设定进给速度单位，让刀退到安全位置
M03S600T0101;	主轴正转，转速600r/min，调用第一把刀、第一号刀补
G00X156Z2;	快速定位
G72W2R1;	外圆粗车循环，给定加工参数
G72P10Q20U0.4W0.1F0.2;	N10到N20为循环部分轮廓
N10 G0Z-45;	定位
G01X125;	靠ϕ125mm外圆
Z-30;	车ϕ125mm外圆
G02X115Z-25R5;	加工*R*5mm圆弧面
G01X100;	车端面
G03X90Z-20R5;	加工*R*5mm圆弧面
G01Z-10;	车ϕ90mm外圆
X60;	车端面
Z0;	车ϕ60mm外圆
X0;	车端面
N20 G0Z2.0;	退刀
G00X200Z100M05;	快速退回换刀点，主轴停转
M00;	程序暂停，粗加工结束
M03S1000T101;	主轴正转，转速1000r/min，调用1号刀具，1号刀补
G0X156Z2;	快速定位
G70P10Q20;	精加工外轮廓
G0X200Z100M05;	快速退回换刀点，主轴停转
M05;	程序结束

4.12 G73——仿形车削复合循环指令

4.12.1 应用

车削时按照轮廓加工的最终路径形状，进行反复循环加工。

4.12.2 指令格式

G73 U(ΔI)W(ΔK)R(D);

G73 P(ns)Q(nf)U(Δu)W(Δw)F(f);

其中 ΔI——X向的退刀量（半径值，无正负号），ΔI=（毛坯直径-最小加工直径）/2；

ΔK——Z向的退刀量（可用参数设定），一般取值为0.3～1mm；

D——粗车次数；

ns——精加工路线的第一个程序段序号；

nf——精加工路线的最后一个程序段序号；

Δu——X方向的精加工余量（用直径值表示），一般取值为1mm；

Δw——Z方向的精加工余量，一般取0；

f——进给速度。

4.12.3　代码轨迹

如图 1-4-25 所示，为代码轨迹。

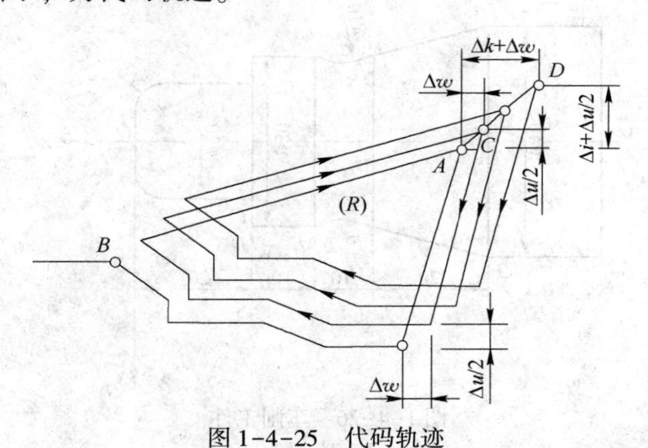

图 1-4-25　代码轨迹

4.12.4　编程实例

试用 G73 指令编写如图 1-4-26 所示加工程序。

解：求结点坐标

A(10，0)、B(20，－5)、C(20，－20)、D(30，－20)、

E(30，－30)、F(30，－40)、G(40，－60)

程序编写：

O1234	程序名
G99;	设定进给速度单位
G00X200Z100;	让刀退到安全位置
M03S500T0101;	主轴正转，转速 500r/min，调用 1 号刀具，1 号刀补
G00X42Z2;	快速定位
G73U15R8 F0.15;	外圆粗车循环，给定加工参数
G73P1Q2U1;	N10 到 N20 为循环部分轮廓
N1 G00X10;	定位
G01Z0F0.1;	靠端面
G03X20Z-5R5;	加工 R5mm 圆弧面
G01Z-20;	车 ϕ20mm 外圆
X30;	车端面
Z-30;	车 ϕ30mm 外圆
G02Z-40R10;	加工 R10mm 圆弧面
N2　G01X40Z-60;	车锥面
G00X200Z100M05;	快速退回换刀点，主轴停转
M00;	程序暂停，粗加工结束
M03S1000T101;	主轴正转，转速 1000r/min，调用 1 号刀具，1 号刀补
G0X47Z2;	快速定位

```
G70P1Q2;                    精加工外轮廓
G0X200Z100M05;              快速退回换刀点，主轴停转
M30;                        程序结束
```

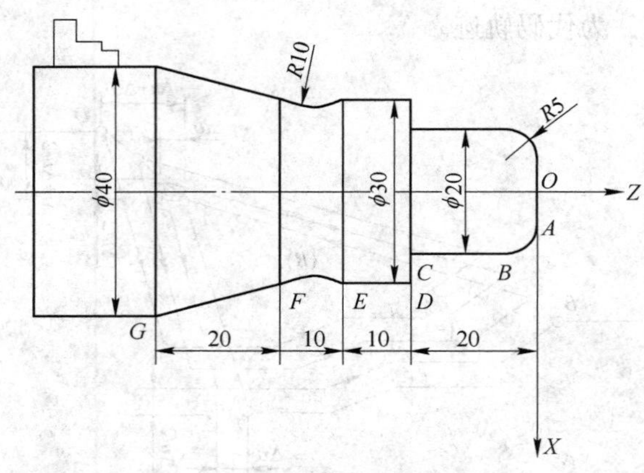

图 1-4-26　车削工件

4.13　G74——端面（槽）多重循环指令

4.13.1　应用

端面或端面槽加工的循环指令。

4.13.2　代码格式

G74R(e)；

G74X(U) - Z(W) - P(Δi)Q(Δk)F；

其中　G74——非模态指令；

e——每次沿 *Z* 向切削 Δk 的退刀量；

X、*Z*——刀具切削终点的绝对坐标；

U、*W*——刀具切削终点相对切削起点的增量坐标；

Δi——*X* 方向的每次循环进刀量，取直径值，单位为 μm；

Δk——*Z* 方向的每次循环进刀量，单位为 μm；

F——进给速度。

4.13.3　代码轨迹

如图 1-4-27 所示，为端面多重循环。

4.13.4　编程实例

试用 G74 指令加工端面槽。

```
O0001;                      程序名
G99G00X200Z100;             设定进给速度单位，让刀退到安全位置
M03S300T0202;               主轴正转，转速 300r/min，调用 1 号刀具，1 号刀补
```

G0X（40-刀宽）Z5；　　快速定位

G74R0.5；　　端面槽加工循环，给定加工参数

G74X20Z-20P3000Q1000F0.06；　　*Z* 轴每次进刀 1mm，退刀 0.5mm，进给刀终点（*Z*-20）后，快速返回到起点（*Z*5），*X* 轴每次进刀 3mm，循环以上步骤继续进行

G0X200Z100M05；　　刀退到安全位置，主轴停转

M30；　　程序结束（图 1-4-28）；

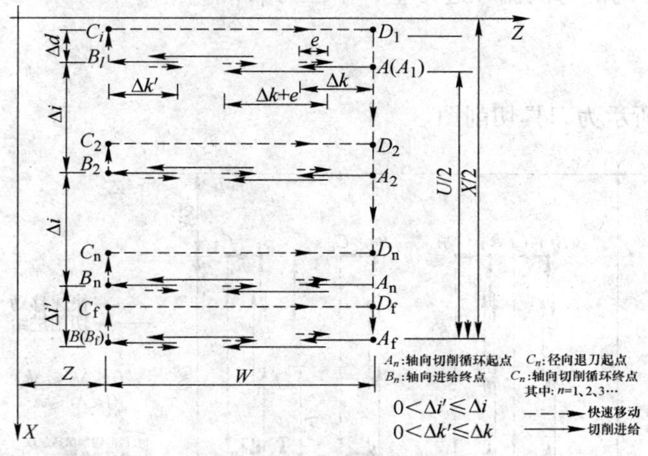

图 1-4-27　端面多重循环

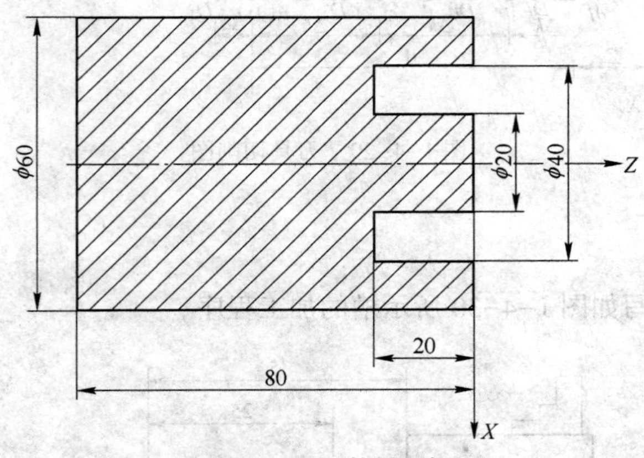

图 1-4-28　工件循环加工

4.14　G75——切槽或切断循环指令

4.14.1　应用

该指令为切槽或者切断的循环指令。

4.14.2　指令格式

G75R(e)；

G75X(U) - Z(W) - P(Δi)Q(Δk)F;

其中　G75——非模态指令；

e——每次沿 X 向切削 Δi 的退刀量；

X、Z——刀具切削终点的绝对坐标；

U、W——刀具切削终点相对切削起点的增量坐标；

Δi——X 方向的每次循环进刀量，取直径值，单位为 μm；

Δk——Z 方向的每次循环进刀量，单位为 μm。

4.14.3　代码轨迹

如图 1-4-29 所示为刀具切削图。

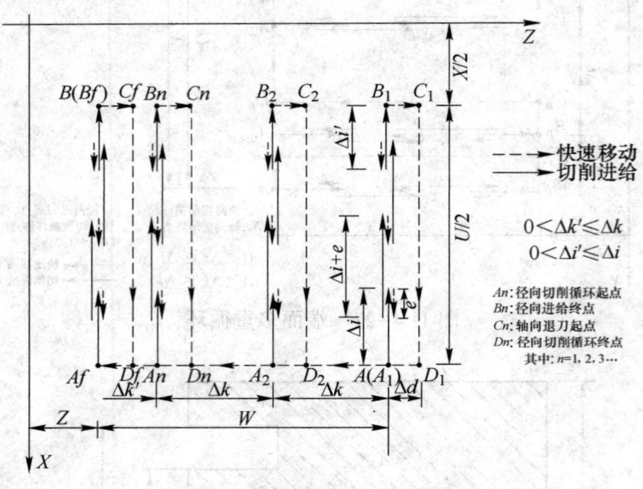

图 1-4-29　刀具切削图

4.14.4　编程实例

试用 G75 指令编写如图 1-4-30 所示槽的加工程序。

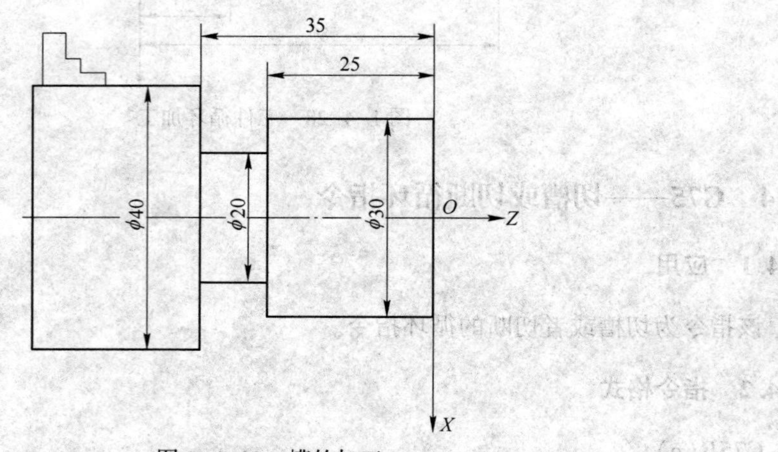

图 1-4-30　槽的加工

O0001;	程序名
G99G00X200Z100;	设定进给速度单位，让刀退到安全位置
M03S250T0101;	主轴正转，转速 250r/min，调用 1 号刀具，1 号刀补
G00X32Z2;	快速定位
Z-（25+刀宽）;	快速定位
G75R0.5;	切槽加工循环，给定加工参数
G75X20Z-35P1000Q3000F0.08;	X 轴每次进刀 1mm，退刀 0.5mm，进给到终点（X20 后，快速返回到起点（Z-(25+刀宽)），Z 轴每次进刀 3mm，循环以上步骤继续进行
G00X200Z100M05;	刀退到安全位置，主轴停转
M30;	程序结束

4.15 G92——螺纹切削单一循环指令

4.15.1 应用

作为螺纹切削循环指令，只能一次循环。

4.15.2 指令格式

G92X(U)_ Z(W)_ F(L)_ ;

4.15.3 代码轨迹

如图 1-4-31 所示，为螺纹切削。

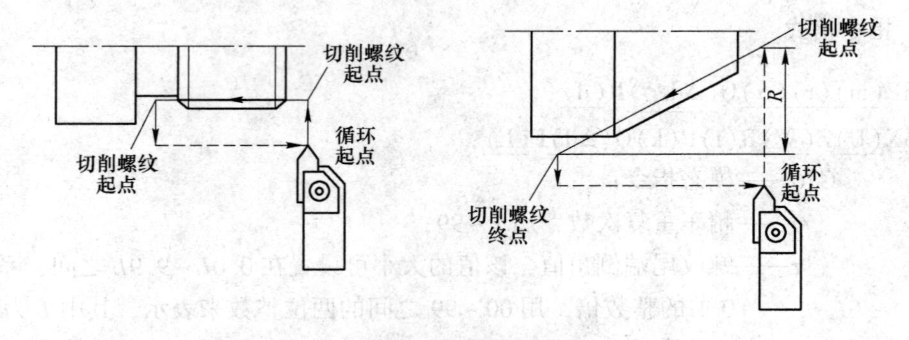

图 1-4-31 螺纹切削

4.15.4 编程实例

试用 G92 指令编写如图 1-4-32 所示螺纹的加工程序。

O0001;	程序名
G99G00X200Z100;	设定进给速度单位，让刀退到安全位置
M03S500T0101;	主轴正转，转速 500r/min，调用 1 号刀具，1 号刀补
G00X32Z4;	快速定位；考虑空刀导入量

G92X29.1Z-27F2;	切削第一次；考虑空刀导出量
X28.5;	切削第二次
X27.9;	切削第三次
X27.5;	切削第四次
X27.4;	切削第五次
G00X200Z100M05;	刀退到安全位置，主轴停转
M30;	程序结束

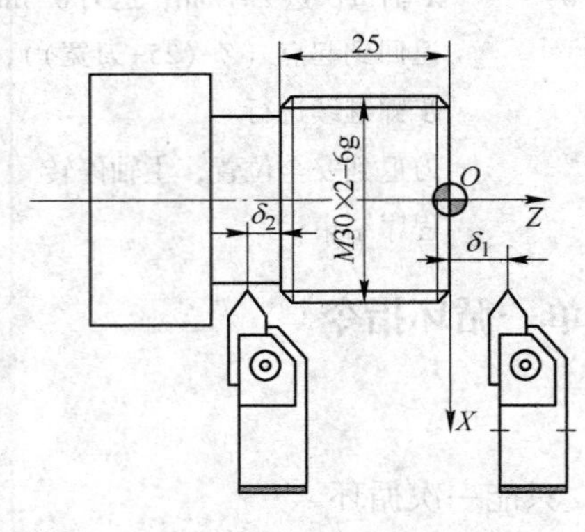

图 1-4-32 螺纹加工

4.16 G76——螺纹切削复合循环指令

4.16.1 应用

运用此指令，只需要指定一部分参数，系统会自动设计走刀路线及走刀次数。

4.16.2 指令格式

G76P(m)(r)(α)Q(Δd_{min})R(d);

G76X(U)Z(W)R(i)P(k)Q(Δd)F(L);

其中 G76——模态指令；

m——精车重复次数，从 1~99；

r——螺纹尾端倒角值，该值的大小可设置在 0.0L~9.9L 之间，系数应为 0.1 的整数倍，用 00~99 之间的两位整数来表示，其中 L 为螺距；

α——刀具角度，可从 80°、60°、55°、30°、29°、0°六个角度中选择；

Δd_{min}——最小切削深度，用半径值表示，单位为 μm；

d——精车余量，用半径值表示，单位为 mm；

X（U）、Z（W）——螺纹终点坐标值；

i——螺纹锥度值，i=（X 起点-X 终点）/2，若 i 为 0，则为直螺纹；

k——牙高，用半径值表示，k=1300P/2，P 为螺距单位为 μm；

Δd——第一刀切入量，用半径值表示，单位为 μm；

L——螺纹的导程，L=nP，n 为螺纹头数，P 为螺纹螺距。

4.16.3　代码轨迹（图 1-4-33）

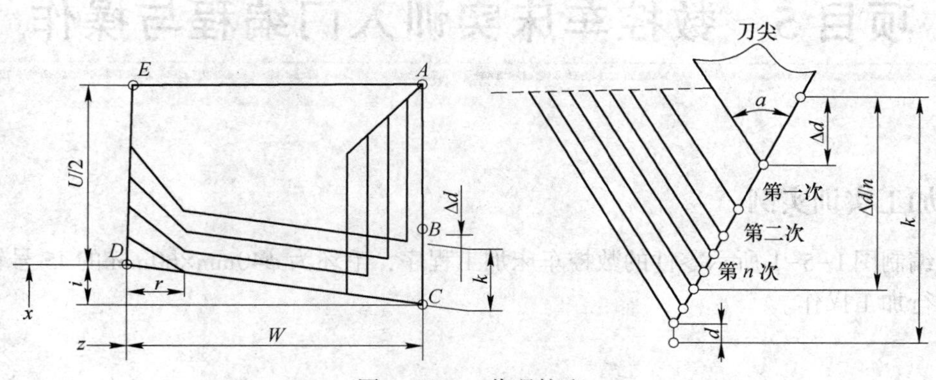

图 1-4-33　代码轨迹

4.16.4　编程实例

试用 G76 指令编写如图 1-4-32 所示螺纹的加工程序。

O0001；	程序名
G99G00X200Z100；	设定进给速度单位，让刀退到安全位置；
M03S500T0101；	主轴正转，转速 500r/min，调用 1 号刀具，1 号刀补；
G00X32Z4；	快速定位；考虑空刀导入量
G76P020060Q80R0.05；	螺纹切削循环；精车次数两次；螺纹尾端倒角值取 0；最小切削深度为 80μm；精车余量为 0.05mm
G76X27.4Z-27P1300Q250F2；	牙高为 1300μm；第一刀切入量为 250μm；导程为 2
G00X200Z100M05；	刀退到安全位置，主轴停转
M30；	程序结束

项目 5　数控车床实训入门编程与操作

5.1　加工实训实例一

试编制图 1-5-1 所示零件的数控车床加工程序，毛坯为 ϕ40mm×60mm 的 45 号钢，并上机进行加工操作。

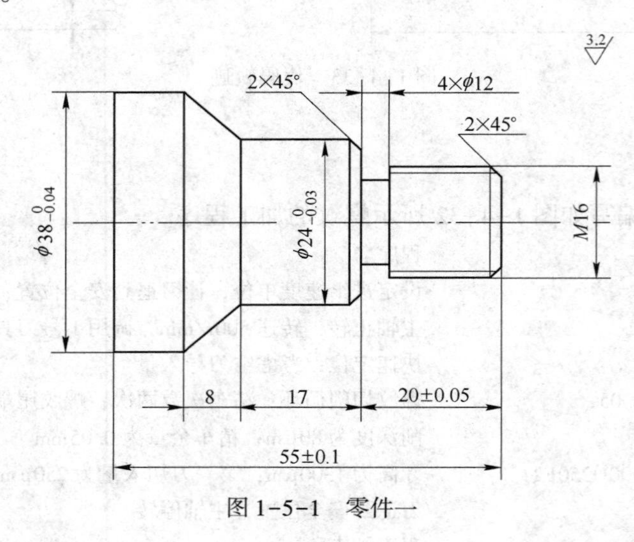

图 1-5-1　零件一

5.1.1　实训目的

（1）熟练掌握运用直线插补指令（G01）、快速定位指令（G00）；

（2）掌握基本轴类零件的加工工艺及编程方法；

（3）掌握机床的基本操作方法（基本安全操作步骤、对刀方法）；

（4）能够正确使用工量具。

5.1.2　加工工艺分析（表 1-5-1）

表 1-5-1　（mm）

序号	工艺路线	加工方式（指令）	所用刀具	刀具号
1	装夹棒料伸出长 60，粗、精车零件外圆	G70 G71	90°外圆车刀	T0101
2	车螺纹退刀槽	G75	外槽车刀（刀宽 4mm）	T0202
3	车 *M*16 螺纹	G76	60°外螺纹刀	T0303

续表 1-5-1

序号	工艺路线	加工方式（指令）	所用刀具	刀具号
4	切断零件	G75	外槽车刀（刀宽4mm）	T0202
5	掉头平端面取总长	手动	90°外圆车刀	T0101

刀具图片如图1-5-2所示。

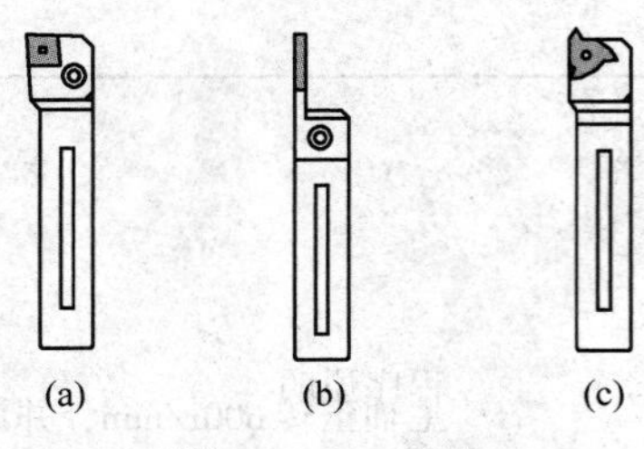

图1-5-2　刀具

（a）T0101；（b）T0202；（c）T0303

5.1.3　项目评分表

（1）现场操作评分：见表1-5-2。

表1-5-2　现场操作评分

序号	项目	考核内容	配分	考场表现	得分
1	现场操作规范	正确使用机床	2		
2		正确使用量具	2		
3		正确使用刀具	2		
4		正确维护保养	4		
合计			10		

（2）工件质量评分：见表1-5-3。

表1-5-3　工件质量评分　（mm）

序号	考核项目	扣分标准	配分	得分	备注
1	总长55	每超差0.02扣1分	8		
2	外径 $\phi38$	每超差0.02扣1分	10		
3	外径 $\phi24$	每超差0.02扣1分	10		
4	槽直径 $\phi12$	超差0.1全扣	5		
5	槽宽4	超差0.1全扣	6		
6	长度14	超差0.01扣2分	8		
7	长度20	超差0.1全扣	8		

续表 1-5-3

序号	考核项目	扣分标准	配分	得分	备注
8	倒角	每个不合格扣 2 分，工艺倒角 4 分（一处没倒全扣）	10		
9	螺纹 *M*24	环规检测，不合格全扣 10 分，螺纹长度 5 分	15		
10	表面粗糙度	加工部分 30% 不合格扣 2 分，50% 不合格扣 4 分，75% 不合格扣 8 分，撞刀全扣	10		
合计			90		

5.1.4　加工参考程序

加工程序号：O0001

程序内容	程序说明
G97 M03 S600 T101；	主轴正转 600r/min，并调用 1 号车刀
G99 G0 X42 Z2 M08；	每转进给，快速定位到循环起点，开启冷却
G71 U1 R0.5 F0.2；	外圆粗车循环，指定加工参数
G71 P10 Q20 U1 W0.1；	指定循环起、终段段号和精加工余量
N10 G00 X11.8；	快速定位
G01 Z0 F0.12；	靠端面
X15.8 Z-2；	
Z-20；	
X20；	
X24 Z-22；	
Z-37；	
X38 Z-45；	
N20 Z-60；	
G00 X200 Z100 M05；	退刀到安全位置，主轴停止
M00；	程序暂停，测量粗加工尺寸，修改刀补
M03 S1000 T0101；	主轴转速 1000r/min，调用 1 号刀
G00 X42 Z2；	快速定位精加工起点
G70 P10 Q20；	精加工外轮廓
G00 X200 Z100 M05；	退刀到安全位置，主轴停止
M00；	程序暂停，测量精加工后尺寸，修改刀补
M03 S400 T0202；	主轴转速 400r/min，调用 2 号车刀
G00 X18 Z-20；	快速定位到切槽起点
G75 R0.5；	指定切槽循环指令参数
G75 X12 Z-20 P1000 Q3000 F0.12；	指定切槽循环指令参数
G00 X200 Z100 M05；	退刀到安全位置，主轴停止
M00；	程序暂停
M03 S500 T0303；	主轴转速 500r/min，调用 3 号车刀
G00 X18 Z5；	快速定位到螺纹加工起点
G76 P020060 Q80 R0.05；	指定螺纹切削循环指令参数

G76 X13.4 Z-17 P1300 Q250 F2;	指定螺纹切削循环指令参数
G00 X200 Z100 M05;	退刀到安全位置，主轴停止
M00;	程序暂停
M03 S400 T0202;	主轴转速400r/min，调用2号车刀
G00 X40 Z-59;	快速定位到切断位置
G75 R0.5;	指定切槽循环指令参数
G75 X-1 P1000 F0.12;	指定切槽循环指令参数
G00 X200 Z100 M05;	退刀到安全位置，主轴停止
M30;	程序结束

5.2 加工实训实例二

试编制图1-5-3所示零件的数控车床加工程序，毛坯为ϕ40mm×122mm的45号钢，并上机进行加工操作。

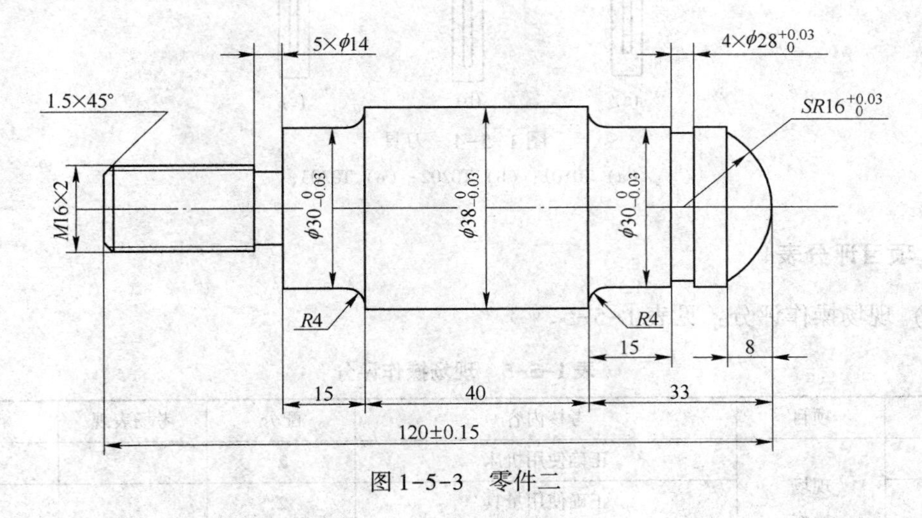

图1-5-3 零件二

5.2.1 实训目的

（1）熟练掌握运用外圆粗、精车循环指令（G71、G70）；

（2）掌握基本轴类掉头工件的加工工艺及编程方法；

（3）掌握加工掉头工件的基本操作方法；

（4）能够正确使用工量具，并学会如何保证加工零件的基本尺寸。

5.2.2 加工工艺分析（表1-5-4）

表1-5-4 加工工艺 （mm）

序号	工艺路线	加工方式（指令）	所用刀具	刀具号
1	装夹棒料伸出长80，粗、精车零件右端外圆	G71 G70	90°外圆车刀	T0101

续表 1-5-4

序号	工艺路线	加工方式（指令）	所用刀具	刀具号
2	车槽	G75	外槽车刀（刀宽 4mm）	T0202
3	掉头装夹 38 位置，平端面取总长	手动	90°外圆车刀	T0101
4	粗、精车零件外圆	G70 G71	90°外圆车刀	T0101
5	车螺纹退刀槽	G75	外槽车刀（刀宽 4mm）	T0202
6	车 *M*16 螺纹	G76	60°外螺纹刀	T0303

刀具图片如图 1-5-4 所示。

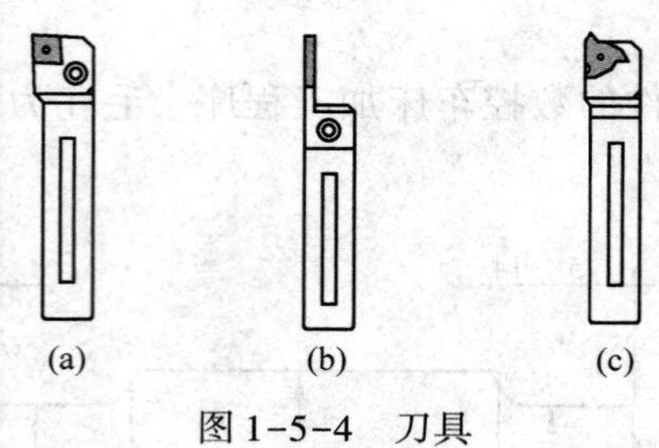

图 1-5-4　刀具

（a）T0101；（b）T0202；（c）T0303；

5.2.3　项目评分表

（1）现场操作评分：见表 1-5-5。

表 1-5-5　现场操作评分

序号	项目	考核内容	配分	考场表现	得分
1	现场操作规范	正确使用机床	2		
2		正确使用量具	2		
3		正确使用刃具	2		
4		正确维护保养	4		
合计			10		

（2）工件质量评分：见表 1-5-6。

表 1-5-6　工件质量评分　（mm）

序号	考核项目	扣分标准	配分	得分	备注
1	总长 120	每超差 0.02 扣 1 分	8		
2	外径 ϕ38	每超差 0.02 扣 1 分	10		
3	外径 ϕ30	每超差 0.02 扣 1 分	10		
4	外径 ϕ25	超差 0.1 全扣	5		
5	槽 4×ϕ28	直径和宽度分别 2 分，超差 0.1 全扣	6		

续表1-5-6

序号	考核项目	扣分标准	配分	得分	备注
6	槽5×ϕ14	直径和宽度分别2分，超差0.1全扣	6		
7	长度27	超差0.1全扣	4		
8	圆弧*R*16	超差0.1全扣	6		
9	倒角	*R*4每个不合格扣2分，工艺倒角共6分（一处没倒全扣）	10		
10	螺纹*M*24	环规检测，不合格全扣10分，螺纹长度5分	15		
11	表面粗糙度	加工部分30%不合格扣2分，50%不合格扣4分，75%不合格扣8分，撞刀全扣	10		
合计			90		

5.2.4　加工参考程序

加工零件右半部分程序号：O0001

程序内容	程序说明
G97 M03 S600 T101;	主轴正转600r/min，并调用1号车刀
G99 G0 X42 Z2 M08;	每转进给，快速定位到循环起点，开启冷却
G71 U1 R0.5 F0.2;	外圆粗车循环，指定加工参数
G71 P10 Q20 U1 W0.1;	指定循环起、终段段号和精加工余量
N10 G00 X0;	快速定位
G01 Z0 F0.12;	靠端面
G03 X27.72 Z-8 R16;	
G01 X30;	
Z-29;	
G02 X38 Z-33 R4;	
N20 Z-75;	
G00 X200 Z100 M05;	退刀到安全位置，主轴停止
M00;	程序暂停，测量粗加工尺寸，修改刀补
M03 S1000 T0101;	主轴转速1000r/min，调用1号刀
G00 X42 Z2;	快速定位精加工起点
G70 P10 Q20;	精加工外轮廓
G00 X200 Z100 M05;	退刀到安全位置，主轴停止
M00;	程序暂停，测量精加工后尺寸，修改刀补
M03 S400 T0202;	主轴转速400r/min，调用2号车刀
G00 X32 Z-18;	快速定位到切槽起点
G75 R0.5;	指定切槽循环指令参数
G75 X28 Z-18 P1000 Q3000 F0.12;	指定切槽循环指令参数
G00 X200 Z100 M05;	退刀到安全位置，主轴停止
M30;	程序结束

掉头装夹工件，取总长 120；　　手动

加工件左半部分程序号：O0002

程序内容	程序说明
G97 M03 S600 T101;	主轴正转 600r/min，并调用 1 号车刀
G99 G0 X42 Z2 M08;	每转进给，快速定位到循环起点，开启冷却
G71 U1 R0.5 F0.2;	外圆粗车循环，指定加工参数
G71 P10 Q20 U1 W0.1;	指定循环起、终段段号和精加工余量
N10 G00 X12.8;	快速定位
G01 Z0 F0.12;	靠端面
X15.8 Z-1.5;	
Z-32;	
X29;	
X30 Z-32.5;	
Z-43;	
G02 X38 Z-47 R4;	
N20 G01 X40;	
G00 X200 Z100 M05;	退刀到安全位置，主轴停止
M00;	程序暂停，测量粗加工尺寸，修改刀补
M03 S1000 T0101;	主轴转速 1000r/min，调用 1 号刀
G00 X42 Z2;	快速定位精加工起点
G70 P10 Q20;	精加工外轮廓
G00 X200 Z100 M05;	退刀到安全位置，主轴停止
M00;	程序暂停，测量精加工后尺寸，修改刀补
M03 S400 T0202;	主轴转速 400r/min，调用 2 号车刀
G00 X18 Z-31;	快速定位到切槽起点
G75 R0.5;	指定切槽循环指令参数
G75 X14 Z-32 P1000 Q3000 F0.12;	指定切槽循环指令参数
G00 X200 Z100 M05;	退刀到安全位置，主轴停止
M00;	程序暂停
M03 S500 T0303;	主轴转速 500r/min，调用 3 号车刀
G00 X18 Z5;	快速定位到螺纹加工起点
G76 P020060 Q80 R0.05;	指定螺纹切削循环指令参数
G76 X13.4 Z-28 P1300 Q250 F2;	指定螺纹切削循环指令参数
G00 X200 Z100 M05;	退刀到安全位置，主轴停止
M30;	程序结束

5.3　加工实训实例三

试编制图 1-5-5 所示零件的数控车床加工程序，毛坯为 ϕ40mm×122mm 的 45 号钢，并上机进行加工操作。

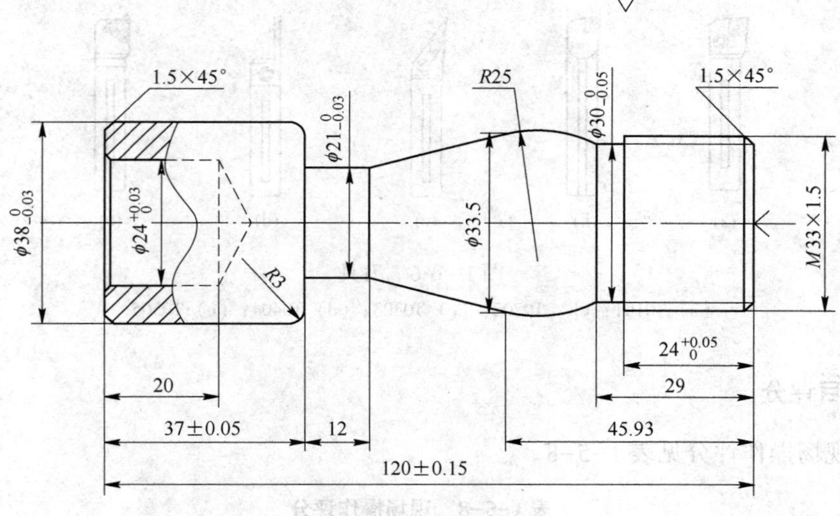

图1-5-5　零件三

5.3.1　实训目的

（1）熟练掌握运用仿形粗、精车循环指令（G73、G70）；
（2）掌握基本掉头工件的加工工艺及编程方法；
（3）掌握加工掉头工件的基本操作方法；
（4）能够正确使用工量具，并学会如何保证加工零件的基本尺寸。

5.3.2　加工工艺分析（表1-5-7）

表1-5-7　加工工艺

序号	工艺路线	加工方式（指令）	所用刀具	刀具号
1	装夹棒料伸出长70mm，车夹位，平端面，打A3中心孔	手动	90°外圆车刀 A3中心钻	T0101
2	装夹夹位棒料伸出长50mm，取总长	手动	90°外圆车刀	T0101
3	粗、精车车外圆	G71 G70	90°外圆车刀	T0101
4	粗、精车零件内孔	G71 G70	内孔车刀	T0202
5	掉头一夹一顶安装，粗、精车零件右边外圆	G73 G70	35°仿形车刀	T0303
6	车螺纹退刀槽	G75	外槽车刀（刀宽4mm）	T0404
7	车M33mm×1.5mm螺纹	G76	60°外螺纹刀	T0505

刀具图片如图 1-5-6 所示。

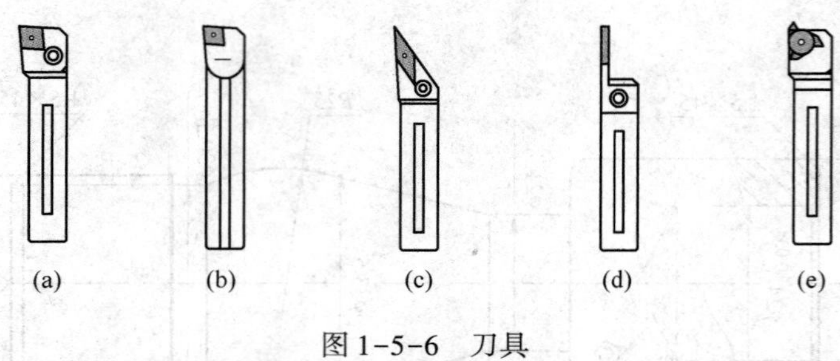

图 1-5-6　刀具

（a）T0101；（b）T0202；（c）T0303；（d）T0404；（e）T0505

5.3.3　项目评分

（1）现场操作评分见表 1-5-8。

表 1-5-8　现场操作评分

序号	项目	考核内容	配分	考场表现	得分
1	现场操作规范	正确使用机床	2		
2		正确使用量具	2		
3		正确使用刃具	2		
4		正确维护保养	4		
合计			10		

（2）工件质量评分见表 1-5-9。

表 1-5-9　工件质量评分　（mm）

序号	考核项目	扣分标准	配分	得分	备注
1	总长 120	每超差 0.02 扣 1 分	8		
2	外径 $\phi38$	每超差 0.02 扣 1 分	8		
3	外径 $\phi21$	每超差 0.02 扣 1 分	8		
4	内径 $\phi24$	超差 0.1 全扣	5		
5	内孔深度 20	超差 0.1 全扣	8		
6	长度 37	超差 0.01 扣 2 分	8		
7	槽 $\phi30$	超差 0.1 全扣	4		
8	圆弧 $R25$	超差 0.1 全扣	6		
9	倒角	每个不合格扣 2 分，工艺倒角 4 分（一处没倒全扣）	10		
10	螺纹 $M33$	环规检测，不合格全扣 10 分，螺纹长度 5 分	15		
11	表面粗糙度	加工部分 30% 不合格扣 2 分，50% 不合格扣 4 分，75% 不合格扣 8 分，撞刀全扣	10		
合计			90		

5.3.4　加工参考程序

加工零件左半部分程序号：O0001

程序内容	程序说明
G97 M03 S600 T101;	主轴正转600r/min，并调用1号车刀
G99 G0 X42 Z2 M08;	每转进给，快速定位到循环起点，开启冷却
G71 U1 R0.5 F0.2;	外圆粗车循环，指定加工参数
G71 P10 Q20 U1 W0.1;	指定循环起、终段段号和精加工余量
N10 G00 X35;	快速定位
G01 Z0 F0.12;	靠端面
X38 Z-1.5;	
N20 Z-40;	
G00 X200 Z100 M05;	退刀到安全位置，主轴停止
M00;	程序暂停，测量粗加工尺寸，修改刀补
M03 S1000 T0101;	主轴正转1000r/min，并调用1号车刀
G00 X42 Z2;	快速定位到循环起点
G70 P10 Q20;	精加工外轮廓
G00 X200 Z100 M05;	退刀到安全位置，主轴停止
M00;	程序暂停，测量精加工后尺寸，修改刀补
M03 S500 T0202;	主轴转速500r/min，调用2号刀
G00 X18 Z5;	快速定位粗加工起点
G71 U1 R0.2 F0.16;	内孔粗车循环，指定加工参数
G71 P30 Q40 U-1 W0.1;	指定循环起、终段段号和精加工余量
N30 G00 X26;	快速定位
G01 Z0 F0.12;	靠端面
X24 Z-1;	
N40 Z-20	
G00 Z100;	退刀到Z轴安全位置
X200 M05;	退刀到X轴安全位置，主轴停止
M00;	程序暂停，测量精加工后尺寸，修改刀补
M03 S700 T202;	主轴转速800r/min，调用2号车刀
G00 X18 Z5;	快速定位到精加工起点
G70 P30 Q40;	精加内孔
G00 Z100;	退刀到Z轴安全位置
X200 M05;	退刀到X轴安全位置，主轴停止
M30;	程序结束

加工件右半部分程序号：O0002

程序内容	程序说明
G97 M03 S600 T101;	主轴正转600r/min，并调用1号车刀
G99 G0 X42 Z2 M08;	每转进给，快速定位到循环起点，开启冷却
G73 U9 R8 F0.2;	外圆粗车循环，指定加工参数
G73 P10 Q20 U1 W0.1;	指定循环起、终段段号和精加工余量
N10 G00 X29.8;	快速定位

```
    G01 Z0 F0.12;                              靠端面
    X32.8 Z-1.5;
    Z-24;
    X30 Z-29;
    G03 X33.5 Z-45.93 R25;
    G01 X21 Z-71;
    Z-83;
    X32;
N20 G03 X38 Z-86 R3;
G00 X200 Z100 M05;                             退刀到安全位置，主轴停止
M00;                                           程序暂停，测量粗加工尺寸，修改刀补
M03 S1000 T0101;                               主轴转速1000r/min，调用1号刀
G00 X42 Z2;                                    快速定位精加工起点
G70 P10 Q20;                                   精加工外轮廓
G00 X200 Z100 M05;                             退刀到安全位置，主轴停止
M00;                                           程序暂停，测量精加工后尺寸，修改刀补
M03 S400 T0202;                                主轴转速400r/min，调用2号车刀
G00 X35 Z-28;                                  快速定位到切槽起点
G75 R0.5;                                      指定切槽循环指令参数
G75 X30 Z-29 P1000 Q3000 F0.12;                指定切槽循环指令参数
G00 X200 Z100 M05;                             退刀到安全位置，主轴停止
M00;                                           程序暂停
M03 S500 T0303;                                主轴转速500r/min，调用3号车刀
G00 X35 Z5;                                    快速定位到螺纹加工起点
G76 P020060 Q80 R0.05;                         指定螺纹切削循环指令参数
G76 X31.05 Z-25 P975 Q250 F1.5;                指定螺纹切削循环指令参数
G00 X200 Z100 M05;                             退刀到安全位置，主轴停止
M30;                                           程序结束
```

项目6　数控车床中级工编程加工实例

6.1　数控车床中级职业技能鉴定样题1

试编制图1-6-1所示零件的数控车床加工程序，毛坯为ϕ60mm×105mm的45号钢，并上机进行加工操作。

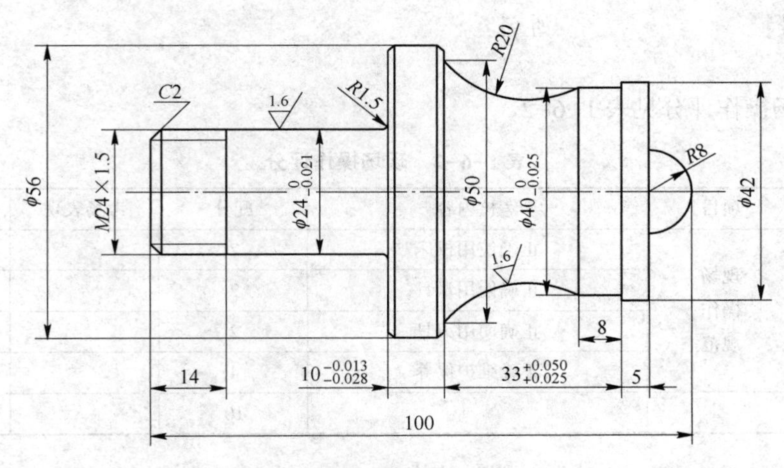

图1-6-1　零件1

6.1.1　加工工艺分析（表1-6-1）

表1-6-1　加工工艺　（mm）

序号	工艺路线	加工方式（指令）	所用刀具	刀具号
1	装夹棒料伸出长60，车夹位，平端面	手动	90°外圆车刀	T0101
2	掉头装夹，保证伸出长70			
3	粗、精车车外圆	G71 G70	90°外圆车刀	T0101
4	车$M24\times1.5$螺纹	G76	60°外螺纹刀	T0202
5	掉头夹ϕ24，靠ϕ56安装，取总长	手动	90°外圆车刀	T0101
6	粗、精车车外圆	G73 G70	35°仿形车刀	T0303
7	车$\phi40_{-0.025}^{0}$	G75	外槽车刀（刀宽3mm）	T0404

刀具图片如图1-6-2所示。

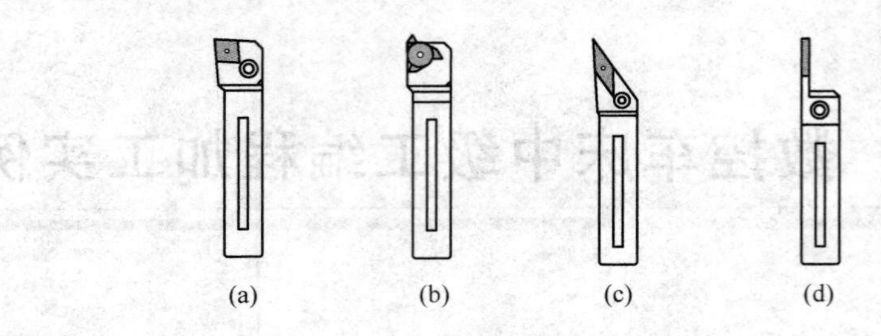

图 1-6-2 刀具
（a）T0101；（b）T0202；（c）T0303；（d）T0404

6.1.2 项目评分表

考件编号: 姓名:

总分:

（1）现场操作评分见表 1-6-2。

表 1-6-2 现场操作评分

序号	项目	考核内容	配分	考场表现	得分
1	现场操作规范	正确使用机床	2		
2		正确使用量具	2		
3		正确使用刀具	2		
4		正确维护保养	4		
合计			10		

（2）工件质量评分见表 1-6-3。

表 1-6-3 工件质量评分 （mm）

序号	考核项目	扣分标准	配分	得分	备注
1	总长 100	每超差 0.02 扣 1 分	8		
2	外径 $\phi24$	每超差 0.02 扣 1 分	8		
3	外径 $\phi40$	每超差 0.02 扣 1 分	8		
4	外径 $\phi56$	超差 0.1 全扣	5		
5	外径 $\phi42$	超差 0.1 全扣	4		
6	长度 10	超差 0.01 扣 2 分	8		
7	长度 5	超差 0.1 全扣	4		
8	圆弧 *R*8 圆弧 *R*20	每处 2 分，超差 0.1 全扣	10		
9	倒角	每个不合格扣 2 分，工艺倒角 4 分（一处没倒全扣）	10		
10	螺纹 *M*24	环规检测，不合格全扣 10 分，螺纹长度 5 分	15		
11	表面粗糙度	加工部分 30% 不合格扣 2 分，50% 不合格扣 4 分，75% 不合格扣 8 分，撞刀全扣	10		
合计			90		

6.1.3　加工参考程序

加工零件左半部分程序号：O0001

程序内容	程序说明
G97 M03 S600 T101；	主轴正转600r/min，并调用1号车刀
G99 G0 X62 Z2 M08；	每转进给，快速定位到循环起点，开启冷却
G71 U1 R0.5 F0.2；	外圆粗车循环，指定加工参数
G71 P10 Q20 U1 W0.1 ；	指定循环起、终段段号和精加工余量
N10 G00 X19.8；	
G01 Z0 F0.12；	
X23.8 Z-2；	
Z-14；	
X24；	
Z-42.5；	
G02 X27 Z-44 R1.5；	
G01 X54	
X56 Z-45；	
N20 Z-55 M09；	
G00 X200 Z100 M05；	退刀到安全位置，主轴停止
M00；	程序暂停，测量粗加工尺寸，修改刀补
M03 S1000 T0101；	主轴正转1000r/min，并调用1号车刀
G00 X62 Z2 M08；	快速定位到循环起点
G70 P10 Q20；	精加工外轮廓
M09；	
G00 X200 Z100 M05；	退刀到安全位置，主轴停止
M00；	程序暂停，测量精加工后尺寸，修改刀补
M03 S500 T0202；	主轴转速500r/min，调用2号车刀
G00 X26 Z5 M08；	快速定位到螺纹加工起点
G76 P020060 Q80 R0.05；	指定螺纹加工循序参数
G76 X22.05 Z-14 P975 Q250 F1.5；	指定螺纹加工循环参数
G00 X200 Z100 M05；	退刀安全位置，主轴停止
M30；	程序结束

加工件右半部分程序号：O0002

程序内容	程序说明
G97 M03 S600 T101；	主轴正转600r/min，并调用1号车刀
G99 G0 X62 Z2 M08；	每转进给，快速定位到循环起点，开启冷却
G90 X58 Z-50 F0.16；	
G73 U28 R27 F0.2；	外圆粗车循环，指定加工参数
G73 P10 Q20 U1 W0.1；	指定循环起、终段段号和精加工余量
N10 G00 X0；	
G01 Z0 F0.12；	
G03 X16 Z-8 R8；	
G01 X41；	

```
X42 Z-8.5;
    Z-13;
    X40 Z-21;
    G02 X50 Z-46 R20;
    G01 X54;
N20 X58 Z-48;
M09;
G00 X200 Z100 M05;                    退刀到安全位置，主轴停止
M00;                                  程序暂停，测量粗加工尺寸，修改刀补
M03 S1000 T0101;                      主轴转速1000r/min，调用1号刀
G00 X62 Z2 M08;                       快速定位精加工起点
G70 P10 Q20;                          精加工外轮廓
M09;
G00 X200 Z100 M05;                    退刀到安全位置，主轴停止
M00;                                  程序暂停，测量精加工后尺寸，修改刀补
M03 S400 T0404;                       主轴转速400r/min，调用4号车刀
G00 X44 Z-16 M08;                     快速定位到切槽起点
G75 R0.5;                             指定切槽循环指令参数
G75 X40 Z-21 P1000 Q2500 F0.12;       指定切槽循环指令参数
M09;
G00 X200 Z100 M05;                    退刀到安全位置，主轴停止
M30;                                  程序结束
```

6.2　数控车床中级职业技能鉴定样题2

试编制图1-6-3所示零件的数控车床加工程序，毛坯为 ϕ60mm×105mm 的45号钢，并上机进行加工操作。

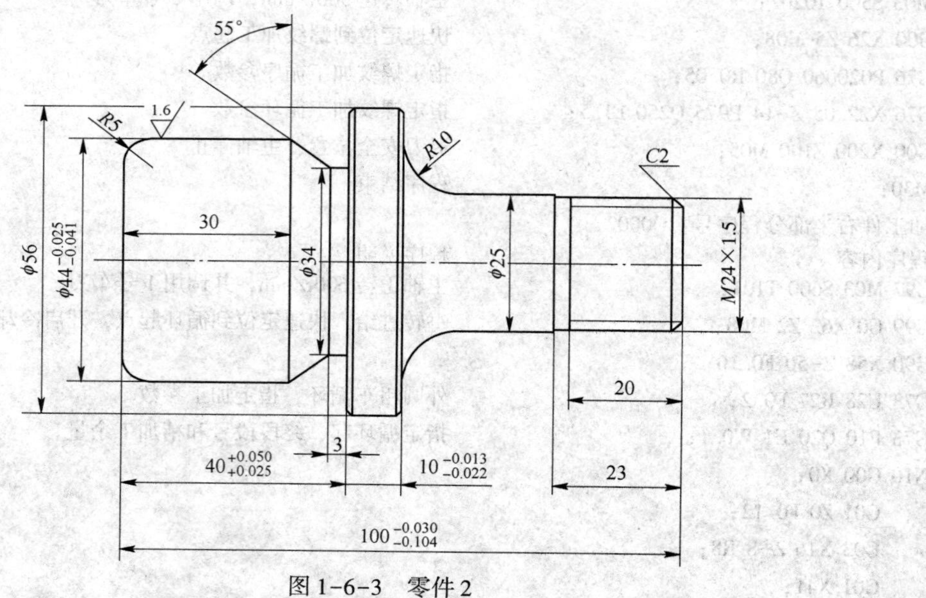

图1-6-3　零件2

6.2.1 加工工艺分析（表1-6-4）

表1-6-4 加工工艺 （mm）

序号	工艺路线	加工方式（指令）	所用刀具	刀具号
1	装夹棒料伸出长60，车夹位，平端面	手动	90°外圆车刀	T0101
2	掉头装夹夹位伸出长70			
3	粗、精车车外圆	G73 G70	35°仿形车刀	T0202
4	掉头夹 $\phi44$，靠 $\phi56$ 安装，取总长	手动或G90	90°外圆车刀	T0101
5	粗、精车车外圆	G71 G70	90°外圆车刀	T0101
6	车 $M24\times1.5$ 螺纹	G76	60°外螺纹刀	T0303

刀具图片如图1-6-4所示。

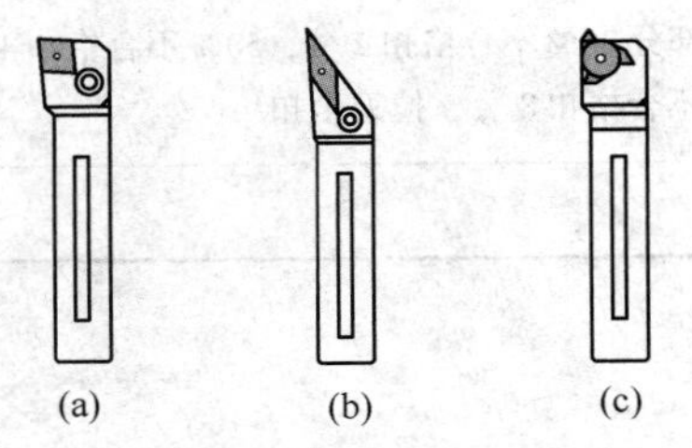

图1-6-4 刀具

（a）T0101；（b）T0202；（c）T0303

6.2.2 项目评分表

考件编号： 姓名：

总分：

（1）现场操作评分见表1-6-5。

表1-6-5 现场操作评分

序号	项目	考核内容	配分	考场表现	得分
1	现场操作规范	正确使用机床	2		
2		正确使用量具	2		
3		正确使用刀具	2		
4		正确维护保养	4		
合计			10		

（2）工件质量评分见表1-6-6。

表 1-6-6　工件质量评分　(mm)

序号	考核项目	扣分标准	配分	得分	备注
1	总长 100	每超差 0.02 扣 1 分	8		
2	外径 ϕ44	每超差 0.02 扣 1 分	8		
3	长度 ϕ40	每超差 0.02 扣 1 分	8		
4	外径 ϕ56	超差 0.1 全扣	5		
5	外径 ϕ25	超差 0.1 全扣	4		
6	长度 10	超差 0.01 扣 2 分	8		
7	长度 5	超差 0.1 全扣	4		
8	圆弧 *R*10 圆弧 *R*5	每处 2 分，超差 0.1 全扣	10		
9	倒角	每个不合格扣 2 分，工艺倒角 4 分（一处没倒全扣）	10		
10	螺纹 *M*24	环规检测，不合格全扣 10 分，螺纹长度 5 分	15		
11	表面粗糙度	加工部分 30% 不合格扣 2 分，50% 不合格扣 4 分，75% 不合格扣 8 分，撞刀全扣	10		
合计			90		

6.2.3　加工参考程序

加工零件左半部分程序号：O0001

程序内容	程序说明
G97 M03 S600 T202；	主轴正转 600r/min，并调用 2 号车刀刀补
G99 G0 X62 Z2 M08；	每转进给，快速定位到循环起点，开启冷却
G90 X58 Z-52 F0.2；	仿形粗车循环，指定加工参数
G73 U13 R12 F0.2；	指定循环起、终段段号和精加工余量
G73 P10 Q20 U1 W0.1；	退刀到安全位置，主轴停止
N10 G00 X34；	
G01 Z0 F0.12；	
G03 X44 Z-5 R5；	
G01 Z-30；	
X34 Z-37；	
Z-40；	
X54；	
X56 Z-41；	
N20 Z-51；	
M09；	
G00 X200 Z100 M05；	退刀安全位置，主轴停止

M00;	程序暂停，测量精加工后尺寸，修改刀补
M03 S1000 T202;	主轴转速1000r/min，调用2号车刀刀补
G00 X62 Z2 M08;	快速定位到精加工起点
G70 P10 Q20;	精加工
M09;	
G00 X200 Z100 M05;	退刀安全位置，主轴停止
M30;	程序结束

加工件右半部分程序号：O0002

程序内容	程序说明
G97 M03 S600 T101;	主轴正转600r/min，并调用1号车刀
G99 G0 X62 Z2 M08;	每转进给，快速定位到循环起点，开启冷却
G71 U1 R0.5 F0.2;	外圆粗车循环，指定加工参数
G71 P10 Q20 U1 W0.1;	指定循环起、终段段号和精加工余量
N10 G00 X19.8;	
G01 Z0 F0.12;	
X23.8 Z-2;	
Z-23;	
X25;	
Z-40;	
G02 X45 Z-50 R10;	
G01 X54;	
N20 X58 Z-52;	
M09;	
G00 X200 Z100 M05;	退刀到安全位置，主轴停止
M00;	程序暂停，测量粗加工尺寸，修改刀补
M03 S1000 T0101;	主轴转速1000r/min，调用1号刀
G00 X62 Z2 M08;	快速定位精加工起点
G70 P10 Q20;	精加工外轮廓
M09;	
G00 X200 Z100 M05;	退刀到安全位置，主轴停止
M00;	程序暂停
M03 S500 T0303;	主轴转速500r/min，调用3号车刀
G00 X26 Z5 M08;	快速定位到螺纹加工起点
G76 P020060 Q80 R0.05;	指定螺纹切削循环指令参数
G76 X22.05 Z-20 P975 Q250 F1.5;	指定螺纹切削循环指令参数
G00 X200 Z100 M05 M09;	退刀到安全位置，主轴停止
M30;	程序结束

6.3 数控车床中级职业技能鉴定样题3

试编制图1-6-5所示零件的数控车床加工程序，毛坯为ϕ60mm×105mm的45号钢，并上机进行加工操作。

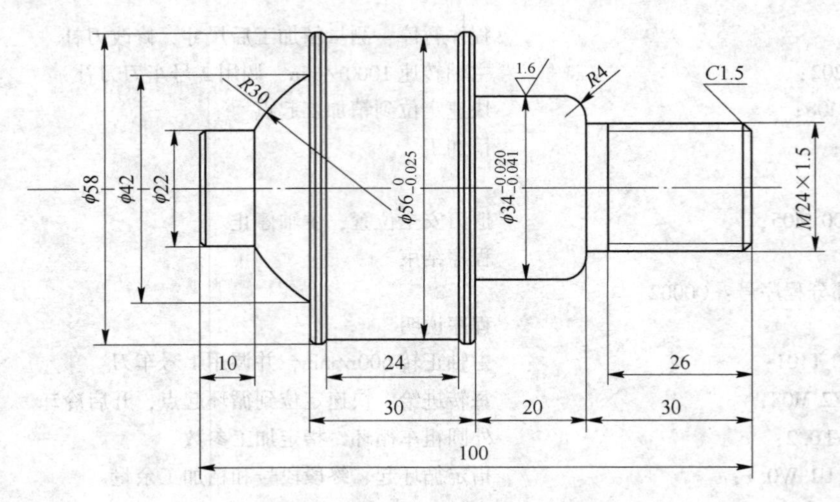

图 1-6-5 零件 3

6.3.1 加工工艺分析（表 1-6-7）

表 1-6-7 加工工艺 （mm）

序号	工艺路线	加工方式（指令）	所用刀具	刀具号
1	装夹棒料伸出长 60，车夹位，平端面	手动	90°外圆车刀	T0101
2	掉头装夹夹位棒料伸出长 70	手动		
3	粗、精车车外圆	G71 G70	90°外圆车刀	T0101
4	车 $M24\times1.5$ 螺纹	G76	60°外螺纹刀	T0202
5	掉头夹 $\phi34$，顶 $\phi56$ 面安装，取总长	手动或 G90	90°外圆车刀	T0101
6	粗、精车零件左边外圆	G71 G70	90°外圆车刀	T0101
7	车 $\phi56^{0}_{-0.025}$	G01	35°仿形车刀	T0303

刀具图片如图 1-6-6 所示。

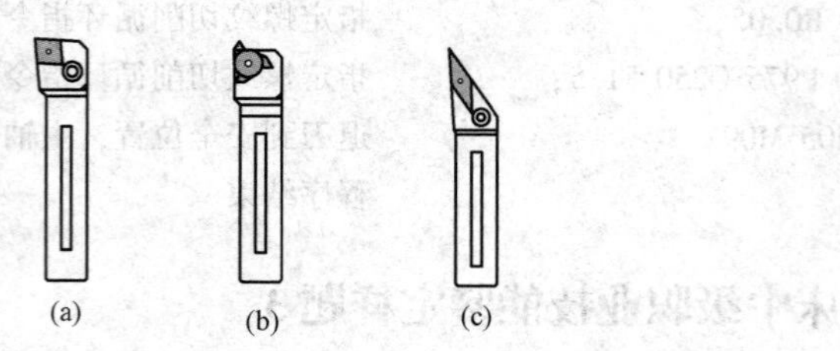

图 1-6-6 刀具

（a）T0101；（b）T0202；（c）T0303

6.3.2　项目评分表

考件编号：　　　　　　　　姓名：

总分：

（1）现场操作评分见表1-6-8。

表1-6-8　现场操作评分

序号	项目	考核内容	配分	考场表现	得分
1	现场操作规范	正确使用机床	2		
2		正确使用量具	2		
3		正确使用刃具	2		
4		正确维护保养	4		
合计			10		

（2）工件质量评分见表1-6-9。

表1-6-9　工件质量评分　（mm）

序号	考核项目	扣分标准	配分	得分	备注
1	总长100	每超差0.02扣1分	8		
2	外径 $\phi34$	每超差0.02扣1分	8		
3	外径 $\phi56$	每超差0.02扣1分	8		
4	外径 $\phi58$	超差0.1全扣	5		
5	外径 $\phi22$	超差0.1全扣	4		
6	长度30（$\phi58$ 处）	超差0.01扣2分	8		
7	长度24	超差0.1全扣	4		
8	圆弧 *R*4 圆弧 *R*30	每处2分，超差0.1全扣	10		
9	倒角	每个不合格扣2分， 工艺倒角4分（一处没倒全扣）	10		
10	螺纹 *M*24	环规检测，不合格全扣10分，螺纹长度5分	15		
11	表面粗糙度	加工部分30%不合格扣2分，50%不合格扣4分， 75%不合格扣8分，撞刀全扣	10		
合计			90		

6.3.3　加工参考程序

加工零件右半部分程序号：O0001

程序内容	程序说明
G97 M03 S600 T101；	主轴正转600r/min，并调用1号车刀
G99 G0 X62 Z2 M08；	每转进给，快速定位到循环起点，开启冷却
G71 U1 R0.5 F0.2；	外圆粗车循环，指定加工参数

```
G71 P10 Q20 U1 W0.1;                      指定循环起、终段段号和精加工余量
N10 G00 X20.8;
    G01 Z0 F0.12;
    X23.8 Z-1.5;
    Z-30;
    X26;
    G03 X34 Z-34 R4;
    G01 Z-50;
    X56;
    X58 Z-51;
N20 Z-55;
M9;
G00 X200 Z100 M05;
M00;                                      退刀到安全位置，主轴停止
M03 S1000 T0101;                          程序暂停，测量粗加工尺寸，修改刀补
G00 X62 Z2 M8;                            主轴正转 1000r/min，并调用 1 号车刀
G70 P10 Q20;                              快速定位到循环起点
M9;                                       精加工外轮廓
G00 X200 Z100 M05;                        退刀到安全位置，主轴停止
M00;                                      程序暂停，测量精加工后尺寸，修改刀补
M03 S500 T0202;                           主轴转速 500r/min，调用 2 号车刀
G00 X26 Z5 M8;                            快速定位到螺纹加工起点
G76 P020060 Q80 R0.05;                    指定螺纹切削循环指令参数
G76 X22.05 Z-26 P975 Q250 F1.5;           指定螺纹切削循环指令参数
G00 X200 Z100 M05 M9;                     退刀到安全位置，主轴停止
M30;                                      程序结束
```

加工件右半部分程序号：O0002

```
程序内容                                  程序说明
G97 M03 S600 T101;                        主轴正转 600r/min，并调用 1 号车刀
G99 G0 X62 Z2 M08;                        每转进给，快速定位到循环起点，开启冷却
G71 U1 R0.5 F0.2;                         外圆粗车循环，指定加工参数
G71 P10 Q20 U1 W0.1 ;                     指定循环起、终段段号和精加工余量
N10 G00 X20;                              快速定位
    G01 Z0 F0.12;                         靠端面
    X22 Z-1;
    Z-10;
    G03 X42 Z-20 R30;
    G01 X56;
    X58 Z-21;
N20 Z-47;
M9;
G00 X200 Z100 M05;                        退刀到安全位置，主轴停止
M00;                                      程序暂停，测量粗加工尺寸，修改刀补
```

```
M03 S1000 T0101;            主轴转速1000，调用1号刀
G00 X62 Z2 M8;              快速定位精加工起点
G70 P10 Q20;                精加工外轮廓
M9;
G00 X200 Z100 M05;          退刀到安全位置，主轴停止
M00;                        程序暂停，测量精加工后尺寸，修改刀补
M3 S700 T303;               主轴转速700r/min，调用3号车刀
G0 X60 Z-22.4 M8;           快速定位到切槽起点
G01X58 F0.12;               切槽
X56 Z-23.4;
Z-47;
X59 Z-48.5 M9;
G00 X200 Z100 M05;          退刀到安全位置，主轴停止
M30;                        程序结束
```

6.4　数控车床中级职业技能鉴定样题4

试编制图1-6-7所示零件的数控车床加工程序，毛坯为ϕ50mm×107mm的45号钢，并上机进行加工操作。

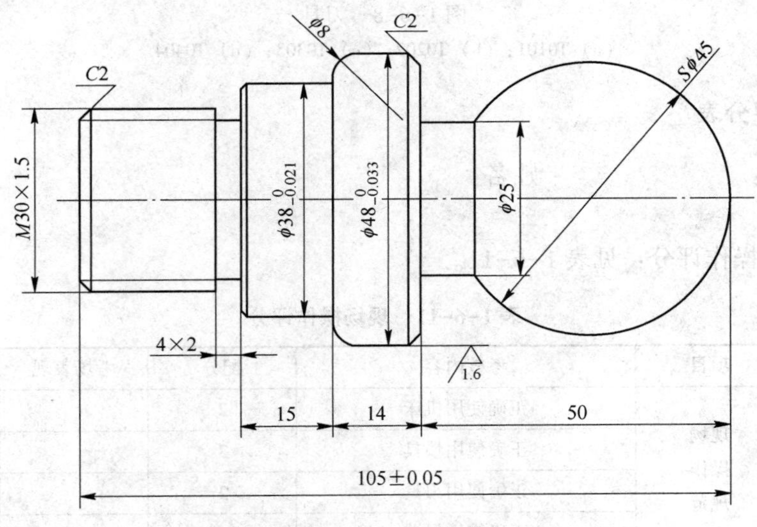

图1-6-7　零件4

6.4.1　加工工艺分析（表1-6-10）

表1-6-10　加工工艺　（mm）

序号	工艺路线	加工方式（指令）	所用刀具	刀具号
1	装夹棒料伸出长70，车夹位30，平端面	手动	90°外圆车刀	T0101
2	掉头装夹夹位	手动		

续表 1-6-10

序号	工艺路线	加工方式（指令）	所用刀具	刀具号
3	粗、精车车外圆	G71 G70	90°外圆车刀	T0101
4	车螺纹退刀槽	G75	外槽车刀 （刀宽 3mm）	T0404
5	车 $M30\times1.5$ 螺纹	G76	60°外螺纹刀	T0202
6	掉头夹 $\phi38$，顶 $\phi48$ 安装，取总长	手动或 G90	90°外圆车刀	T0101
7	粗、精车零件右边外圆	G73 G70	35°仿形车刀	T0303

刀具图片如图 1-6-8 所示。

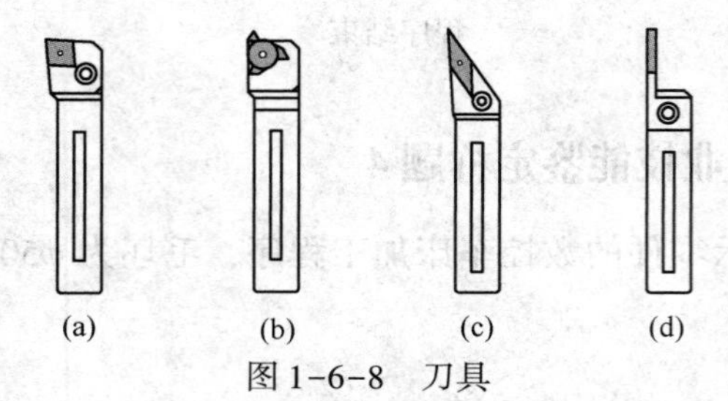

图 1-6-8　刀具

（a）T0101；（b）T0202；（c）T0303；（d）T0404

6.4.2　项目评分表

考件编号：　　　　　　姓名：

总分：

（1）现场操作评分：见表 1-6-11。

表 1-6-11　现场操作评分

序号	项目	考核内容	配分	考场表现	得分
1	现场操作规范	正确使用机床	2		
2		正确使用量具	2		
3		正确使用刃具	2		
4		正确维护保养	4		
合计			10		

（2）工件质量评分：见表 1-6-12。

表 1-6-12　工件质量评分　（mm）

序号	考核项目	扣分标准	配分	得分	备注
1	总长 105	每超差 0.02 扣 1 分	8		
2	外径 $\phi38$	每超差 0.02 扣 1 分	8		

续表 1-6-12

序号	考核项目	扣分标准	配分	得分	备注
3	外径 $\phi48$	每超差 0.02 扣 1 分	8		
4	外径 $\phi25$	超差 0.1 全扣	5		
5	槽 4×2	超差 0.1 全扣	4		
6	长度 14	超差 0.01 扣 2 分	8		
7	长度 15	超差 0.1 全扣	4		
8	圆弧	每处 5 分，超差 0.1 全扣	10		
9	倒角	每个不合格扣 2 分，工艺倒角 4 分（一处没倒全扣）	10		
10	螺纹 $M24$	环规检测，不合格全扣 10 分，螺纹长度 5 分	15		
11	表面粗糙度	加工部分 30% 不合格扣 2 分，50% 不合格扣 4 分，75% 不合格扣 8 分，撞刀全扣	10		
合计			90		

6.4.3　加工参考程序

加工零件左半部分程序号：O0001

程序内容	程序说明
G97 M03 S600 T101;	主轴正转 600r/min，并调用 1 号车刀
G99 G0 X52 Z2 M08;	每转进给，快速定位到循环起点，开启冷却
G71 U1 R0.5 F0.2;	外圆粗车循环，指定加工参数
G71 P10 Q20 U1 W0.1 ;	指定循环起、终段段号和精加工余量
N10 G00 X25.8;	
G01 Z0 F0.12;	
X29.8 Z-2;	
Z-26;	
X36;	
X38 Z-27;	
Z-41;	
X40;	
G03 X48 Z-45 R4;	
N20 G01 Z-57;	
M9;	
G00 X200 Z100 M05;	退刀到安全位置，主轴停止
M00;	程序暂停，测量粗加工尺寸，修改刀补
M03 S1000 T0101;	主轴正转 1000r/min，并调用 1 号车刀
G00 X52 Z2 M8;	快速定位到循环起点
G70 P10 Q20;	精加工外轮廓
M9;	
G00 X200 Z100 M05;	退刀到安全位置，主轴停止
M00;	程序暂停，测量精加工后尺寸，修改刀补

```
M03 S400 T0404;                      主轴转速 400r/min，调用 4 号车刀
G00 X32 Z-25;                        快速定位到切槽起点
G75 R0.5;                            指定切槽循环指令参数
G75 X26 Z-26 P1000 Q2500 F0.12;      指定切槽循环指令参数
M9;
G00 X200 Z100 M05;                   退刀到安全位置，主轴停止
M00;                                 程序暂停
M03 S500 T0202;                      主轴转速 500r/min，调用 2 号车刀
G00 X32 Z5 M8;                       快速定位到螺纹加工起点
G76 P020060 Q80 R0.05;               指定螺纹切削循环指令参数
G76 X28.05 Z-23 P975 Q250 F1.5;      指定螺纹切削循环指令参数
M9;                                  退刀到安全位置，主轴停止
G00 X200 Z100 M05;
M30;                                 程序结束
```

加工件右半部分程序号：O0002

```
程序内容                              程序说明
G97 M03 S600 T303;                   主轴正转 600r/min，并调用 3 号车刀
G99 G0 X52 Z2 M08;                   每转进给，快速定位到循环起点，开启冷却
G90 X49 Z-51 F0.16;                  外圆粗车循环，指定加工参数
G73 U25 R24 F0.2;                    指定循环起、终段段号和精加工余量
G73 P10 Q20 U1 W0.1;
N10 G00 X0;
    G01 Z0 F0.12;
    G03 X25 Z-41.21 R22.5;
    G01 Z-50;
    X44;
N20 X50 Z-53;
M9;
G00 X200 Z100 M05;                   退刀到安全位置，主轴停止
M00;                                 程序暂停，测量粗加工尺寸，修改刀补
M03 S1000 T303;                      主轴转速 1000r/min，调用 3 号刀
G00 X52 Z2 M08;                      快速定位精加工起点
G70 P10 Q20;                         精加工外轮廓
M9;
G00 X200 Z100 M05;                   退刀到安全位置，主轴停止
M30;                                 程序结束
```

6.5　数控车床中级职业技能鉴定样题 5

试编制图 1-6-9 所示零件的数控车床加工程序，毛坯为 ϕ60mm×105mm 的 45 号钢，并上机进行加工操作。

其余 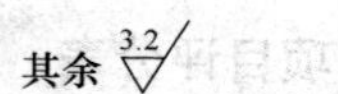

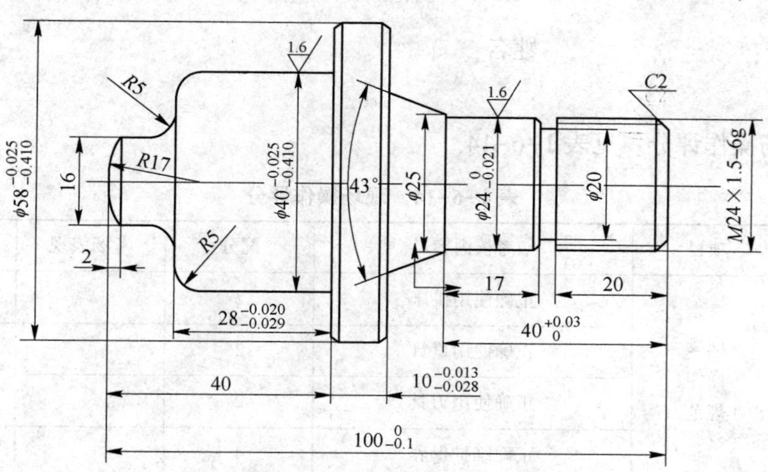

未注倒角C1

图1-6-9　零件5

6.5.1　加工工艺分析（表1-6-13）

表1-6-13　加工工艺　（mm）

序号	工艺路线	加工方式（指令）	所用刀具	刀具号
1	装夹棒料伸出长70，车夹位30，平端面	手动	90°外圆车刀	T0101
2	掉头装夹夹位	手动		
3	粗、精车车外圆	G71 G70	90°外圆车刀	T0101
4	掉头夹ϕ40，顶ϕ58安装，取总长	手动或G90	90°外圆车刀	T0101
5	粗、精车车外圆	G71 G70	90°外圆车刀	T0101
6	车螺纹退刀槽	G75	外槽车刀 （刀宽3mm）	T0202
7	车M24×1.5螺纹	G76	60°外螺纹车刀	T0303

刀具图片如图1-6-10所示。

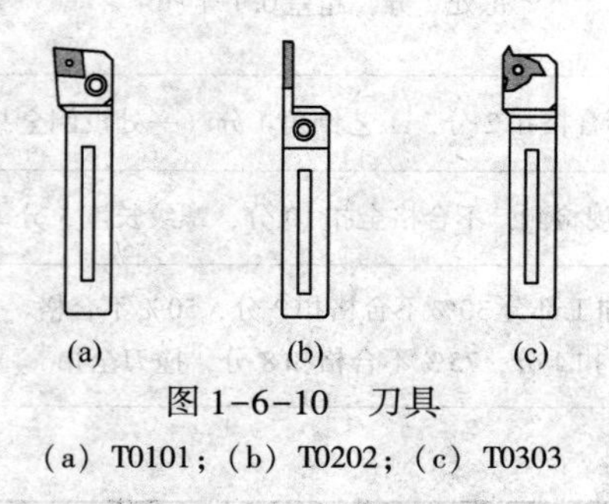

(a)　(b)　(c)

图1-6-10　刀具

（a）T0101；（b）T0202；（c）T0303

6.5.2　项目评分表

考件编号：　　　　　　　　姓名：

总分：

（1）现场操作评分：见表1-6-14。

表1-6-14　现场操作评分

序号	项目	考核内容	配分	考场表现	得分
1	现场操作规范	正确使用机床	2		
2		正确使用量具	2		
3		正确使用刃具	2		
4		正确维护保养	4		
合计			10		

（2）工件质量评分：见表1-6-15。

表1-6-15　工件质量评分　（mm）

序号	考核项目	扣分标准	配分	得分	备注
1	总长100	每超差0.02扣1分	8		
2	外径 ϕ24	每超差0.02扣1分	8		
3	外径 ϕ40	每超差0.02扣1分	8		
4	外径 ϕ58	超差0.1全扣	5		
5	外径 ϕ42	超差0.1全扣	4		
6	长度10	超差0.01扣2分	8		
7	长度28	超差0.05全扣	4		
8	圆弧 R18 圆弧 R5	每处2分，超差0.1全扣	10		
9	倒角	每个不合格扣2分，工艺倒角4分（一处没倒全扣）	10		
10	螺纹 M24	环规检测，不合格全扣10分，螺纹长度5分	15		
11	表面粗糙度	加工部分30%不合格扣2分，50%不合格扣4分，75%不合格扣8分，撞刀全扣	10		
合计			90		

6.5.3　加工参考程序

加工件右半部分程序号：O0001

程序内容	程序说明
G97 M03 S600 T101；	主轴正转600r/min，并调用1号车刀
G99 G0 X62 Z2 M08；	每转进给，快速定位到循环起点，开启冷却
G71 U1 R0.5 F0.2；	外圆粗车循环，指定加工参数
G71 P10 Q20 U1 W0.1；	指定循环起、终段段号和精加工余量
N10 G00 X0；	
G01 Z0 F0.12；	
G03 X16 Z-2 R17；	
G01 Z-7；	
G02 X26 Z-12 R5；	
G01 X30；	
G03 X40 Z-17 R5；	
G01 Z-40；	
X56；	
X58 Z-41；	
N20 Z-53；	
M09；	
G00 X200 Z100 M05；	退刀到安全位置，主轴停止
M00；	程序暂停，测量粗加工尺寸，修改刀补
M03 S1000 T0101；	主轴转速1000r/min，调用1号刀
G00 X62 Z2 M8；	快速定位精加工起点
G70 P10 Q20；	精加工外轮廓
M9；	
G00 X200 Z100 M05；	退刀到安全位置，主轴停止
M30；	程序结束

加工零件左半部分程序号：O0002

程序内容	程序说明
G97 M03 S600 T101；	主轴正转600r/min，并调用1号车刀
G99 G0 X62 Z2 M08；	每转进给，快速定位到循环起点，开启冷却
G71 U1 R0.5 F0.2；	外圆粗车循环，指定加工参数
G71 P10 Q20 U1 W0.1 ；	指定循环起、终段段号和精加工余量
N10 G00 X19.8；	
G01 Z0 F0.12；	
X23.8 Z-2；	
Z-23；	
X22；	
X24 Z-24；	
Z-40；	
X25；	
X32.88 Z-50；	

```
    X56;
N20 X60 Z-52;
M9;
G00 X200 Z100 M05;                         退刀到安全位置，主轴停止
M00;                                       程序暂停，测量粗加工尺寸，修改刀补
M03 S1000 T0101;                           主轴正转 1000r/min，并调用 1 号车刀
G00 X62 Z2 M8;                             快速定位到循环起点
G70 P10 Q20;                               精加工外轮廓
M9;
G00 X200 Z100 M05;                         退刀到安全位置，主轴停止
M00;                                       程序暂停，测量精加工后尺寸，修改刀补
M03 S400 T0202;                            主轴转速 400r/min，调用 2 号车刀
G00 X26 Z-23 M8;                           快速定位到切槽起点
G75 R0.5;                                  指定切槽循环指令参数
G75 X20 Z-23 P1000 Q2500 F0.12;            指定切槽循环指令参数
G00 X200 Z100 M05 M9;                      退刀到安全位置，主轴停止
M00;                                       程序暂停
M03 S500 T0303;                            主轴转速 500r/min，调用 3 号车刀
G00 X26 Z5 M8;                             快速定位到螺纹加工起点
G76 P020060 Q80 R0.05;                     指定螺纹切削循环指令参数
G76 X22.05 Z-21 P975 Q250 F1.5;            指定螺纹切削循环指令参数
G00 X200 Z100 M05 M9;                      退刀到安全位置，主轴停止
M30;                                       程序结束
```

6.6　数控车床中级职业技能鉴定样题 6

试编制图 1-6-11 所示零件的数控车床加工程序，毛坯为 ϕ50mm×105mm 的 45 号钢，并上机进行加工操作。

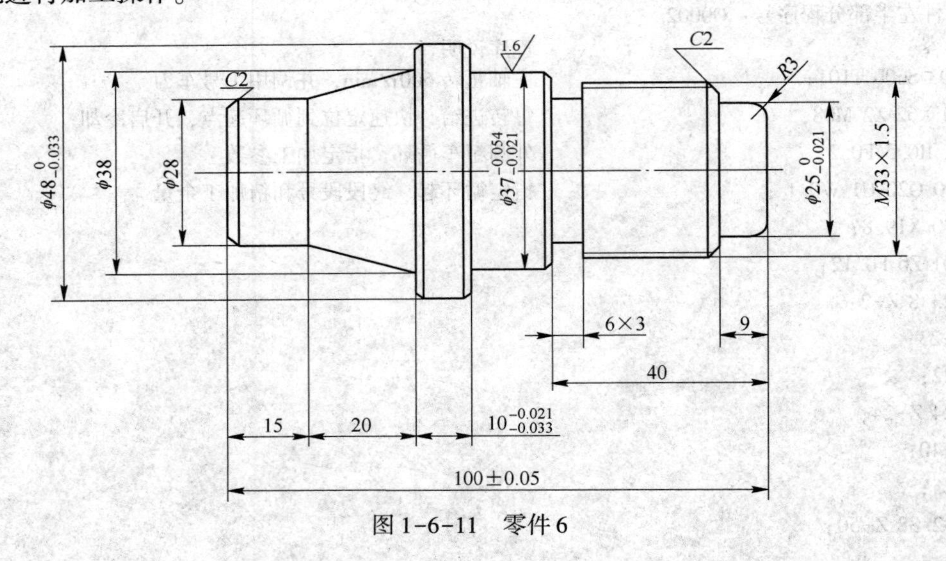

图 1-6-11　零件 6

6.6.1　加工工艺分析（表1-6-16）

表1-6-16　加工工艺　(mm)

序号	工艺路线	加工方式（指令）	所用刀具	刀具号
1	装夹棒料伸出长70mm，车夹位30mm，平端面	手动	90°外圆车刀	T0101
2	掉头装夹夹位	手动		
3	粗、精车车外圆	G71 G70	90°外圆车刀	T0101
4	车螺纹退刀槽	G75	外槽车刀（刀宽3mm）	T0202
5	车 $M24\times1.5$ 螺纹	G76	60°外螺纹刀	T0303
6	掉头夹 $\phi37$，顶 $\phi48$ 安装，取总长	手动或G90	90°外圆车刀	T0101
7	粗、精车零件左边外圆	G71 G70	90°外形车刀	T0101

刀具图片如图1-6-12所示。

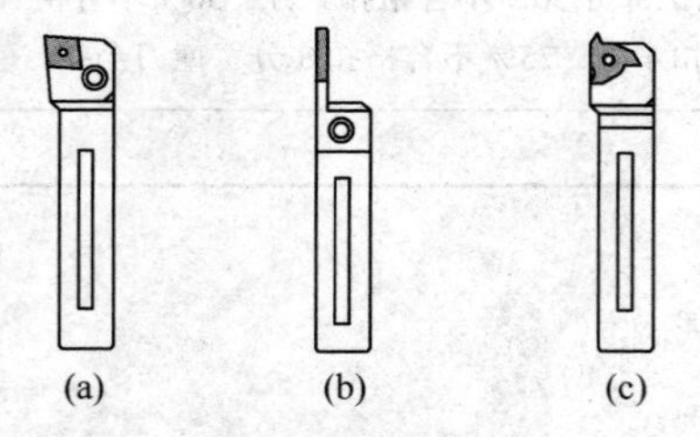

图1-6-12　刀具

(a) T0101；(b) T0202；(c) T0303

6.6.2　项目评分表

考件编号：　　　　　　姓名：

总分：

（1）现场操作评分：见表1-6-17。

表1-6-17　现场操作评分

序号	项目	考核内容	配分	考场表现	得分
1	现场操作规范	正确使用机床	2		
2		正确使用量具	2		
3		正确使用刀具	2		
4		正确维护保养	4		
合计			10		

（2）工件质量评分：见表1-6-18。

表 1-6-18　工件质量评分　　(mm)

序号	考核项目	扣分标准	配分	得分	备注
1	总长 100	每超差 0.02 扣 1 分	8		
2	外径 $\phi37$	每超差 0.02 扣 1 分	8		
3	外径 $\phi48$	每超差 0.02 扣 1 分	8		
4	外径 $\phi25$	超差 0.05 全扣	5		
5	外径 $\phi28$	超差 0.1 全扣	4		
6	长度 10	超差 0.01 扣 2 分	8		
7	长度 9	超差 0.1 全扣	4		
8	圆弧 $R3$	超差 0.1 全扣	5		
9	槽 6×3	超差 0.1 全扣	5		
10	倒角	每个不合格扣 2 分，工艺倒角 4 分（一处没倒全扣）	10		
11	螺纹 $M33\times1.5$	环规检测，不合格全扣 10 分，螺纹长度 5 分	15		
12	表面粗糙度	加工部分 30% 不合格扣 2 分，50% 不合格扣 4 分，75% 不合格扣 8 分，撞刀全扣	10		
合计			90		

6.6.3　加工参考程序

加工零件右半部分程序号：O0001

程序内容	程序说明
G97 M03 S600 T101；	主轴正转 600r/min，并调用 1 号车刀
G99 G0 X52 Z2 M08；	每转进给，快速定位到循环起点，开启冷却
G71 U1 R0.5 F0.2；	外圆粗车循环，指定加工参数
G71 P10 Q20 U1 W0.1；	指定循环起、终段段号和精加工余量

```
N10 G00 X19;
    G01 Z0 F0.12;
    G03 X25 Z-3 R3;
    G01 Z-9;
    X28.8;
    X32.8 Z-11;
    Z-40;
    X35;
    X37 Z-41;
    Z-55;
    X46;
    X48 Z-56;
N20 Z-67;
M9;
```

```
G00 X200 Z100 M05;                     退刀到安全位置，主轴停止
M00;                                   程序暂停，测量粗加工尺寸，修改刀补
M03 S1000 T0101;                       主轴正转1000r/min，并调用1号车刀
G00 X52 Z2 M08;                        快速定位到循环起点
G70 P10 Q20;                           精加工外轮廓
M09;
G00 X200 Z100 M05;                     退刀到安全位置，主轴停止
M00;                                   程序暂停，测量精加工后尺寸，修改刀补
M03 S400 T0202;                        主轴转速400r/min，调用2号车刀
G00 X35 Z-37 M8;                       快速定位到切槽起点
G75 R0.5;                              指定切槽循环指令参数
G75 X27 Z-40 P1000 Q2500 F0.12;        指定切槽循环指令参数
M09;
G00 X200 Z100 M05;                     退刀到安全位置，主轴停止
M00;                                   程序暂停
M03 S500 T0303;                        主轴转速500r/min，调用3号车刀
G00 X35 Z-4 M8;                        快速定位到螺纹加工起点
G76 P020060 Q80 R0.05;                 指定螺纹切削循环指令参数
G76 X31.05 Z-35 P975 Q250 F1.5;        指定螺纹切削循环指令参数
M9;
G00 X200 Z100 M05;                     退刀到安全位置，主轴停止
M30;                                   程序结束
```

加工零件左半部分程序号：O0002

```
程序内容                               程序说明
G97 M03 S600 T101;                     主轴正转600r/min，并调用1号车刀
G99 G0 X52 Z2 M08;                     每转进给，快速定位到循环起点，开启冷却
G71 U1 R0.5 F0.2;                      外圆粗车循环，指定加工参数
G71 P10 Q20 U1 W0.1 ;                  指定循环起、终段段号和精加工余量
N10 G00 X24;
    G01 Z0 F0.12;
    X28 Z-2;
    Z-15;
    X38 Z-35;
    X46;
N20 X50 Z-37;
M9;
G00 X200 Z100 M05;                     退刀到安全位置，主轴停止
M00;                                   程序暂停，测量粗加工尺寸，修改刀补
M03 S1000 T0101;                       主轴正转1000r/min，并调用1号车刀
G00 X52 Z2 M8;                         快速定位到循环起点
G70 P10 Q20;                           精加工外轮廓
M9;
G00 X200 Z100 M05;                     退刀到安全位置，主轴停止
M30;                                   程序结束
```

6.7　数控车床中级职业技能鉴定样题 7

试编制图 1-6-13 所示零件的数控车床加工程序，毛坯为 ϕ60mm×102mm 的 45 号钢，并上机进行加工操作。

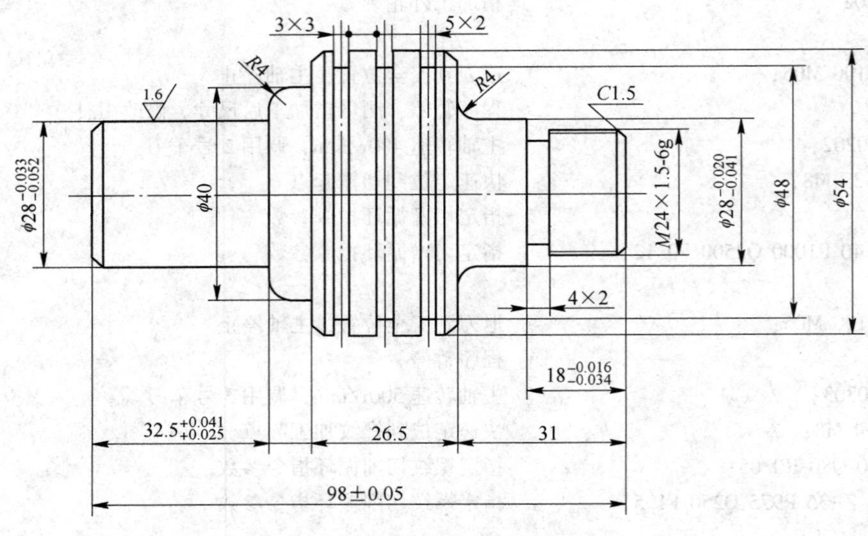

图 1-6-13　零件 7

6.7.1　加工工艺分析（表 1-6-19）

表 1-6-19　加工工艺　(mm)

序号	工艺路线	加工方式（指令）	所用刀具	刀具号
1	装夹棒料伸出长 70，车夹位 30，平端面	手动	90°外圆车刀	T0101
2	掉头装夹夹位	手动		
3	粗、精车车外圆	G71 G70	90°外圆车刀	T0101
4	车 3×3 槽	G75	外槽车刀 （刀宽 3mm）	T0202
5	掉头夹 ϕ28，靠 ϕ40 面安装，取总长	手动或 G90	90°外圆车刀	T0101
6	粗、精车零件右边外圆	G71 G70	90°外圆车刀	T0101
7	车螺纹退刀槽	G75	外槽车刀 （刀宽 3mm）	T0404
8	车 $M24\times1.5$ 螺纹	G76	60°外螺纹刀	T0303

刀具图片如图 1-6-14 所示。

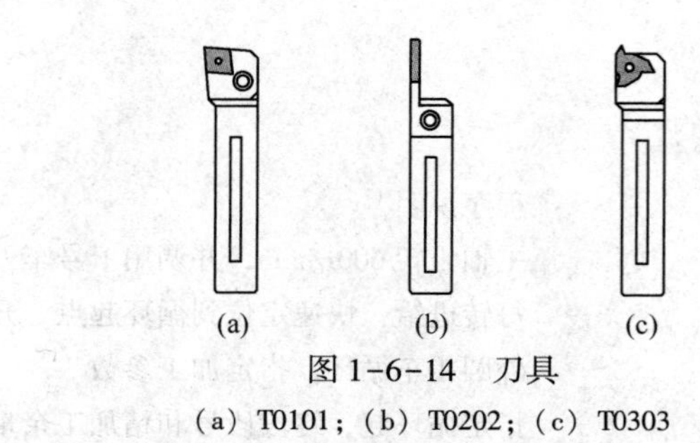

图1-6-14 刀具

(a) T0101；(b) T0202；(c) T0303

6.7.2 项目评分表

考件编号： 姓名：

总分：

(1) 现场操作评分：见表1-6-20。

表1-6-20 现场操作评分

序号	项目	考核内容	配分	考场表现	得分
1	现场操作规范	正确使用机床	2		
2		正确使用量具	2		
3		正确使用刃具	2		
4		正确维护保养	4		
合计			10		

(2) 工件质量评分：见表1-6-21。

表1-6-21 工件质量评分 (mm)

序号	考核项目	扣分标准	配分	得分	备注
1	总长98	每超差0.02扣1分	8		
2	外径 ϕ28×2	每处8分 每超差0.02扣1分	16		
3	外径 ϕ54	超差0.1全扣	5		
4	外径 ϕ48	超差0.1全扣	4		
5	长度32.5	超差0.01扣2分	8		
6	长度26.5	超差0.1全扣	4		
7	圆弧 *R*4	每处2分，超差0.1全扣	5		
8	槽3×3	超差0.1全扣	5		
9	倒角	每个不合格扣2分，工艺倒角4分（一处没倒全扣）	10		
10	螺纹 *M*24	环规检测，不合格全扣10分，螺纹长度5分	15		
11	表面粗糙度	加工部分30%不合格扣2分，50%不合格扣4分，75%不合格扣8分，撞刀全扣	10		
合计			90		

6.7.3　加工参考程序

加工零件左半部分程序号：O0001

程序内容	程序说明
G97 M03 S600 T101；	主轴正转 600r/min，并调用 1 号车刀
G99 G0 X62 Z2 M08；	每转进给，快速定位到循环起点，开启冷却
G71 U1 R0.5 F0.2；	外圆粗车循环，指定加工参数
G71 P10 Q20 U1 W0.1 ；	指定循环起、终段段号和精加工余量
N10 G00 X24；	
G01 Z0 F0.12；	
X28 Z-2；	
Z-32.5	
X32；	
G03 X40 Z-36.5 R4；	
G01 Z-40.5；	
X52；	
X54 Z-41.5；	
N20 Z-67；	
M9；	
G00 X200 Z100 M05；	退刀到安全位置，主轴停止
M00；	程序暂停，测量粗加工尺寸，修改刀补
M03 S1000 T0101；	主轴正转 1000r/min，并调用 1 号车刀
G00 X62 Z2 M8；	快速定位到循环起点
G70 P10 Q20；	精加工外轮廓
M9；	
G00 X200 Z100 M05；	退刀到安全位置，主轴停止
M00；	程序暂停，测量精加工后尺寸，修改刀补
M03 S400 T0202；	主轴转速 400r/min，调用 2 号车刀
G00 X56 Z-47.25 M8；	快速定位到切槽起点
G75 R0.5；	指定切槽循环指令参数
G75 X48 P1000 F0.12；	指定切槽循环指令参数
G00 Z-55.25；	快速定位到切槽起点
G75 R0.5；	指定切槽循环指令参数
G75 X48 P1000 F0.12；	指定切槽循环指令参数
G00 Z-63.25；	快速定位到切槽起点
G75 R0.5；	指定切槽循环指令参数
G75 X48 P1000 F0.12；	指定切槽循环指令参数
M9；	
G00 X200 Z100 M05；	退刀到安全位置，主轴停止
M30；	程序结束

加工件右半部分程序号：O0002

程序内容	程序说明
G97 M03 S600 T101；	主轴正转600r/min，并调用1号车刀
G99 G0 X62 Z2 M08；	每转进给，快速定位到循环起点，开启冷却
G71 U1 R0.5 F0.2；	外圆粗车循环，指定加工参数
G71 P10 Q20 U1 W0.1；	指定循环起、终段段号和精加工余量
N10 G00 X20.8；	
G01 Z0 F0.12；	
X23.8 Z-1.5；	
Z-18；	
X26；	
X28 Z-19；	
Z-27	
G02 X36 Z-31 R4；	
G01 X52；	
N20 X56 Z-33；	
M9；	
G00 X200 Z100 M05；	退刀到安全位置，主轴停止
M00；	程序暂停，测量粗加工尺寸，修改刀补
M03 S1000 T0101；	主轴转速1000r/min，调用1号刀
G00 X62 Z2 M08；	快速定位精加工起点
G70 P10 Q20；	精加工外轮廓
M9；	
G00 X200 Z100 M05；	退刀到安全位置，主轴停止
M00；	程序暂停，测量精加工后尺寸，修改刀补
M03 S400 T0202；	主轴转速400r/min，调用2号车刀
G00 X26 Z-17 M8；	快速定位到切槽起点
G75 R0.5；	指定切槽循环指令参数
G75 X20 Z-18 P1000 Q2500 F0.12；	指定切槽循环指令参数
M9；	
G00 X200 Z100 M05；	退刀到安全位置，主轴停止
M00；	程序暂停
M03 S500 T0303；	主轴转速500r/min，调用3号车刀
G00 X26 Z5；	快速定位到螺纹加工起点
G76 P020060 Q80 R0.05；	指定螺纹切削循环指令参数
G76 X22.05 Z-15 P975 Q250 F1.5；	指定螺纹切削循环指令参数
G00 X200 Z100 M05；	退刀到安全位置，主轴停止
M30；	程序结束

6.8　数控车床中级职业技能鉴定样题8

试编制图1-6-15所示零件的数控车床加工程序，毛坯为ϕ40mm×100mm的45号钢，并上机进行加工操作。

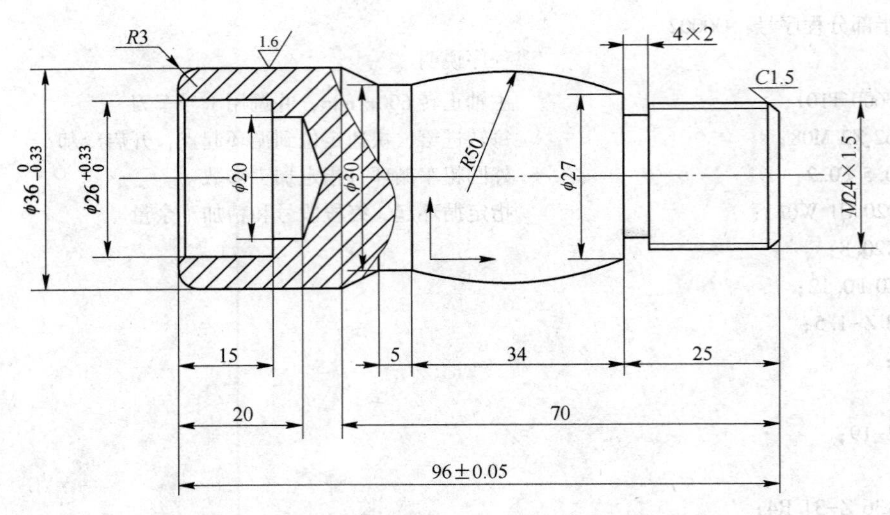

图 1-6-15　零件 8

6.8.1　加工工艺分析（表 1-6-22）

表 1-6-22　加工工艺　（mm）

序号	工艺路线	加工方式（指令）	所用刀具	刀具号
1	装夹棒料伸出长 70，车夹位 50，平端面，打 A3 中心孔	手动/G90/G94	90°外圆车刀 A3 中心钻	T0101
2	掉头装夹夹位棒料伸出长 50，取总长	手动或 G94	90°外圆车刀	T0101
3	粗、精车内孔	G71 G70	内孔车刀	T0202
4	粗、精车外圆	G71 G70	90°外圆车刀	T0101
5	掉头夹 φ36，一夹一顶安装			
6	粗、精车零件右边外圆	G73 G70	35°仿形车刀	T0303
7	车螺纹退刀槽	G75	外槽车刀 （刀宽 3mm）	T0404
8	车 M24×1.5 螺纹	G76	60°外螺纹刀	T0505

刀具图片如图 1-6-16 所示。

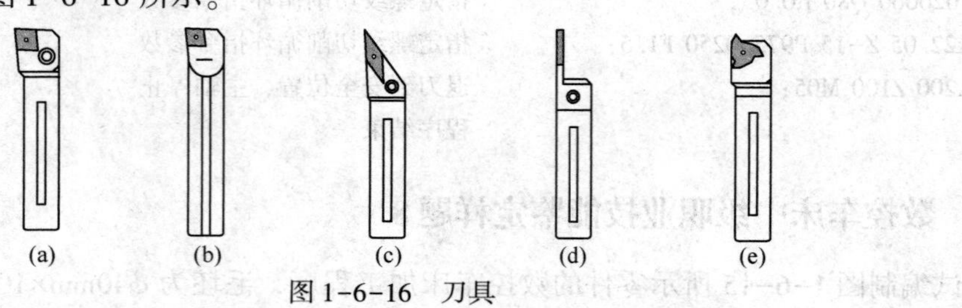

图 1-6-16　刀具

（a）T0101；（b）T0202；（c）T0303；（d）T0404；（e）T0505

6.8.2　项目评分表

考件编号：　　　　　　　　　姓名：

总分：

（1）现场操作评分：见表1-6-23。

表1-6-23　现场操作评分

序号	项目	考核内容	配分	考场表现	得分
1	现场操作规范	正确使用机床	2		
2		正确使用量具	2		
3		正确使用刃具	2		
4		正确维护保养	4		
合计			10		

（2）工件质量评分：见表1-6-24。

表1-6-24　工件质量评分　（mm）

序号	考核项目	扣分标准	配分	得分	备注
1	总长96	每超差0.02扣1分	8		
2	外径 $\phi36$	每超差0.02扣1分	8		
3	内径 $\phi26$	每超差0.02扣1分	8		
4	外径 $\phi30$	超差0.1全扣	5		
5	外径 $\phi42$	超差0.1全扣	4		
6	长度15	超差0.01扣2分	8		
7	长度25	超差0.1全扣	4		
8	圆弧 $R3$ 圆弧 $R50$	每处2分，超差0.1全扣	10		
9	倒角	每个不合格扣2分， 工艺倒角4分（一处没倒全扣）	10		
10	螺纹 $M24\times1.5$	环规检测，不合格全扣10分， 螺纹长度5分	15		
11	表面粗糙度	加工部分30%不合格扣2分，50%不合格扣4分， 75%不合格扣8分，撞刀全扣	10		
合计			90		

6.8.3　加工参考程序

加工零件左半部分程序号：O0001

程序内容	程序说明
G97 M03 S500 T0202；	恒转速，主轴转速500r/min，调用2号刀
G99 G00 X18 Z5 M8；	每转进给，快速定位粗加工起点，开启冷却
G71 U1 R0.2 F0.16；	内孔粗车循环，指定加工参数
G71 P10 Q20 U-1 W0.1；	指定循环起、终段段号和精加工余量
N10 G00 X28；	
G01 Z0 F0.12；	
X26 Z-1；	
Z-15；	
N20 X18；	
G00 Z100 M9；	退刀到 Z 轴安全位置
X200 M05；	退刀到 X 轴安全位置，主轴停止
M00；	程序暂停，测量精加工后尺寸，修改刀补
M03 S700 T202；	主轴转速700r/min，调用2号车刀
G00 X18 Z5 M8；	快速定位到精加工起点
G70 P10 Q20；	精加内孔
G00 Z100 M9；	退刀到 Z 轴安全位置
X200 M05；	退刀到 X 轴安全位置，主轴停止
M00；	程序暂停
M03 S600 T101；	主轴正转600r/min，并调用1号车刀
G0 X42 Z2 M08；	快速定位到循环起点，开启冷却
G71 U1 R0.5 F0.2；	外圆粗车循环，指定加工参数
G71 P30 Q40 U1 W0.1；	指定循环起、终段段号和精加工余量
N10 G00 X30；	
G01 Z0 F0.12；	
G03 X36 Z-3 R3；	
N20 G01 Z-30；	
M9；	
G00 X200 Z100 M05；	退刀到安全位置，主轴停止
M00；	程序暂停，测量粗加工尺寸，修改刀补
M03 S1000 T0101；	主轴正转1000r/min，并调用1号车刀
G00 X42 Z2 M8；	快速定位到循环起点
G70 P10 Q20；	精加工外轮廓
M9；	
G00 X200 Z100 M05；	退刀到安全位置，主轴停止
M30；	程序结束

加工件右半部分程序号：O0002

程序内容	程序说明

```
G97 M03 S600 T0303;                    主轴正转600r/min，并调用3号车刀
G99 G0 X42 Z2 M08;                     每转进给，快速定位到循环起点，开启冷却
G90 X38 Z-70 F0.2;                     去除材料硬皮;
G73 U9 R9 F0.2;                        外圆粗车循环，指定加工参数
G73 P10 Q20 U1 W0.1;                   指定循环起、终段段号和精加工余量
N10 G00 X21;
    G01 Z0 F0.12;
    X23.8 Z-1.5;
    Z-25;
    X27;
    G03 X30 Z-59 R50;
    G01Z-64;
N20 X37 Z-71;
M9;                                    关闭冷却
G00 X200 Z100 M05;                     退刀到安全位置，主轴停止
M00;                                   程序暂停，测量粗加工尺寸，修改刀补
M03 S1000 T0101;                       主轴转速1000r/min，调用1号刀
G00 X42 Z2;                            快速定位精加工起点
G70 P10 Q20;                           精加工外轮廓
G00 X200 Z100 M05;                     退刀到安全位置，主轴停止
M00;                                   程序暂停，测量精加工后尺寸，修改刀补
M03 S400 T0404;                        主轴转速400r/min，调用4号车刀
G00 X26 Z-24 M8;                       快速定位到切槽起点
G75 R0.5;                              指定切槽循环指令参数
G75 X20 Z-25 P1000 Q2500 F0.12;        指定切槽循环指令参数
M9;
G00 X200 Z100 M05;                     退刀到安全位置，主轴停止
M00;                                   程序暂停
M03 S500 T0505;                        主轴转速500r/min，调用5号车刀
G00 X26 Z5 M8;                         快速定位到螺纹加工起点
G76 P020060 Q80 R0.05;                 指定螺纹切削循环指令参数
G76 X22.05 Z-22 P975 Q250 F1.5;        指定螺纹切削循环指令参数
M9;
G00 X200 Z100 M05;                     退刀到安全位置，主轴停止
M30;                                   程序结束
```

6.9　数控车床中级职业技能鉴定样题9

试编制图1-6-17所示零件的数控车床加工程序，毛坯为ϕ40mm×120mm的45号钢，并上机进行加工操作。

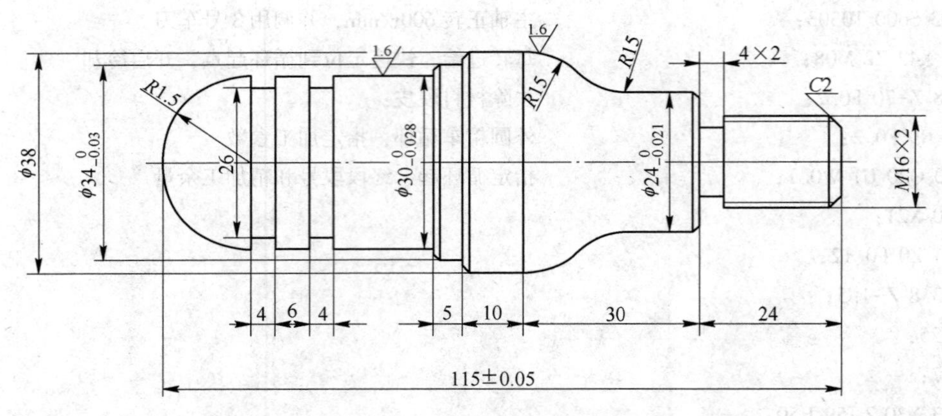

图 1-6-17　零件 9

6.9.1　加工工艺分析（表 1-6-25）

表 1-6-25　加工工艺　（mm）

序号	工艺路线	加工方式（指令）	所用刀具	刀具号
1	装夹棒料伸出长 70，车夹位，平端面	手动/G90/G94	90°外圆车刀	T0101
2	掉头装夹夹位棒料伸出长 70	手动		
3	粗、精车车外圆	G71 G70	90°外圆车刀	T0101
4	掉头夹 ϕ30，靠 ϕ34 安装，取总长	手动或 G94	90°外圆车刀	T0101
5	粗、精车零件右边外圆	G71 G70	90°外形车刀	T0101
6	车 4×2 槽	G75	外槽车刀 （刀宽 4mm）	T0202
7	车 M24×1.5 螺纹	G76	60°外螺纹刀	T0303

刀具图片如图 1-6-18 所示。

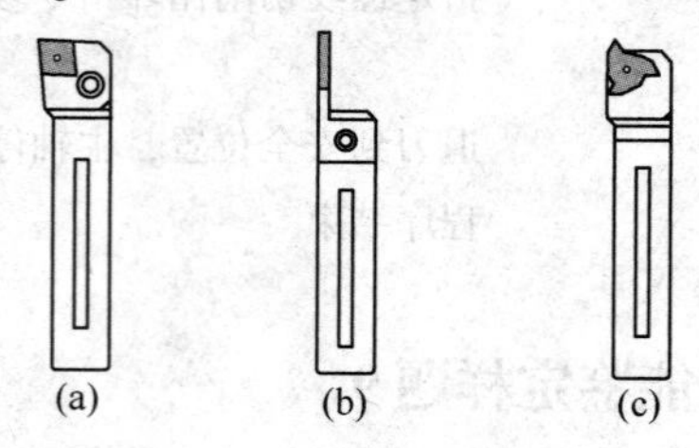

图 1-6-18　刀具

（a）T0101；（b）T0202；（c）T0303

6.9.2　项目评分表

考件编号：　　　　　　　　姓名：

总分：

（1）现场操作评分见表1-6-26。

表1-6-26　现场操作评分

序号	项目	考核内容	配分	考场表现	得分
1	现场操作规范	正确使用机床	2		
2		正确使用量具	2		
3		正确使用刃具	2		
4		正确维护保养	4		
合计			10		

（2）工件质量评分见表1-6-27。

表1-6-27　工件质量评分　（mm）

序号	考核项目	扣分标准	配分	得分	备注
1	总长115	每超差0.02扣1分	8		
2	外径 $\phi30$	每超差0.02扣1分	8		
3	外径 $\phi34$	每超差0.02扣1分	8		
4	外径 $\phi38$	超差0.1全扣	5		
5	外径 $\phi24$	超差0.1全扣	4		
6	长度24	超差0.01扣2分	8		
7	长度5	超差0.1全扣	4		
8	圆弧 $R15$	每处5分，超差0.1全扣	10		
9	倒角	每个不合格扣2分， 工艺倒角4分（一处没倒全扣）	10		
10	螺纹 $M16\times2$	环规检测，不合格全扣10分，螺纹长度5分	15		
11	表面粗糙度	加工部分30%不合格扣2分，50%不合格扣4分， 75%不合格扣8分，撞刀全扣	10		
合计			90		

6.9.3　加工参考程序

加工零件左半部分程序号：O0001

程序内容	程序说明
G97 M03 S600 T101;	主轴正转600r/min，并调用1号车刀
G99 G0 X42 Z2 M08;	每转进给，快速定位到循环起点，开启冷却
G71 U1 R0.5 F0.2;	外圆粗车循环，指定加工参数

程序内容	程序说明
G71 P10 Q20 U1 W0.1;	指定循环起、终段段号和精加工余量
N10 G00 X0;	
G01 Z0 F0.12;	
G03 X30 Z-15 R15;	
G01 Z-46;	
X32;	
X34 Z-47;	
Z-51;	
X36;	
N20 X40 Z-53;	
M9;	
G00 X200 Z100 M05;	退刀到安全位置，主轴停止
M00;	程序暂停，测量粗加工尺寸，修改刀补
M03 S1000 T0101;	主轴正转 1000r/min，并调用 1 号车刀
G00 X42 Z2 M8;	快速定位到循环起点
G70 P10 Q20;	精加工外轮廓
M9;	
G00 X200 Z100 M05;	退刀到安全位置，主轴停止
M00;	程序暂停
M03 S400 T0202;	主轴转速 400r/min，调用 2 号车刀
G00 X32 Z-19 M8;	快速定位到切槽起点
G75 R0.5;	指定切槽循环指令参数
G75 X26 Z-19 P1000 Q2500 F0.12;	指定切槽循环指令参数
G00 Z-28;	快速定位到切槽起点
G75 R0.5;	指定切槽循环指令参数
G75 X26 Z-29 P1000 Q2500 F0.12;	指定切槽循环指令参数
M9;	
G00 X200 Z100 M05;	退刀到安全位置，主轴停止
M30;	程序结束

加工件右半部分程序号：O0002

程序内容	程序说明
G97 M03 S600 T101;	主轴正转 600r/min，并调用 1 号车刀
G99 G0 X42 Z2 M08;	每转进给，快速定位到循环起点，开启冷却
G71 U1 R0.5 F0.2;	外圆粗车循环，指定加工参数
G71 P10 Q20 U1 W0.1;	指定循环起、终段段号和精加工余量
N10 G00 X11.8;	
G01 Z0 F0.12;	
X15.8 Z-2;	
Z-24;	
X22;	
X24 Z-25;	
Z-34.74;	
G02 X31 Z-44.37 R15;	
G03 X38 Z-54 R15;	
N20 Z-65;	

```
M9;
G00 X200 Z100 M05;                       退刀到安全位置，主轴停止
M00;                                     程序暂停，测量粗加工尺寸，修改刀补
M03 S1000 T0101;                         主轴转速1000r/min，调用1号刀
G00 X42 Z2 M8;                           快速定位精加工起点
G70 P10 Q20;                             精加工外轮廓
M9;
G00 X200 Z100 M05;                       退刀到安全位置，主轴停止
M00;                                     程序暂停，测量精加工后尺寸，修改刀补
M03 S400 T0202;                          主轴转速400r/min，调用2号车刀
G00 X18 Z2;                              快速定位到切槽起点
Z-24;
G75 R0.5;                                指定切槽循环指令参数
G75 X12 Z-24 P1000 Q3000 F0.12;          指定切槽循环指令参数
M9;
G00 X200 Z100 M05;                       退刀到安全位置，主轴停止
M00;                                     程序暂停
M03 S500 T0303;                          主轴转速500r/min，调用3号车刀
G00 X18 Z5 M8;                           快速定位到螺纹加工起点
G76 P020060 Q80 R0.05;                   指定螺纹切削循环指令参数
G76 X13.4 Z-21 P1300 Q250 F2;            指定螺纹切削循环指令参数
G00 X200 Z100 M05;                       退刀到安全位置，主轴停止
M30;                                     程序结束
```

6.10　数控车床中级职业技能鉴定样题10

试编制图1-6-19所示零件的数控车床加工程序，毛坯为ϕ50mm×95mm的45号钢，并上机进行加工操作。

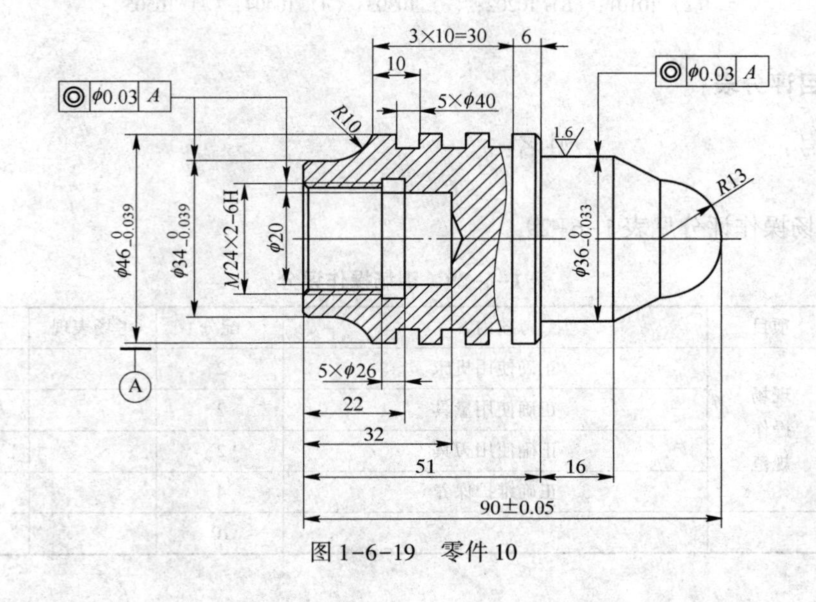

图1-6-19　零件10

6.10.1　加工工艺分析（表 1-6-28）

表 1-6-28　加工工艺　（mm）

序号	工艺路线	加工方式（指令）	所用刀具	刀具号
1	装夹棒料伸出长 60，车夹位，平端面	手动/G90/G94	90°外圆车刀	T0101
2	掉头装夹夹位棒料伸出长 60		ϕ18 钻头 250 转	
3	钻 18 底孔	手动		
4	粗、精车内孔	G71 G70	内孔车刀	T0202
5	车内槽	G75	内槽车刀	T0505
6	车 $M24\times1.5$ 内螺纹	G76	60°内螺纹刀	T0303
7	粗、精车外圆	G71 G70	90°外圆车刀	T0101
8	车 $5\times\phi40$ 槽	G75	外槽车刀 （刀宽 4mm）	T0404
9	掉头夹 $\phi46$，伸出长 60，取总长	手动/G94	90°外圆车刀	T0101
10	粗、精车零件右边外圆	G71 G70	90°外圆车刀	T0101

刀具图片如图 1-6-20 所示。

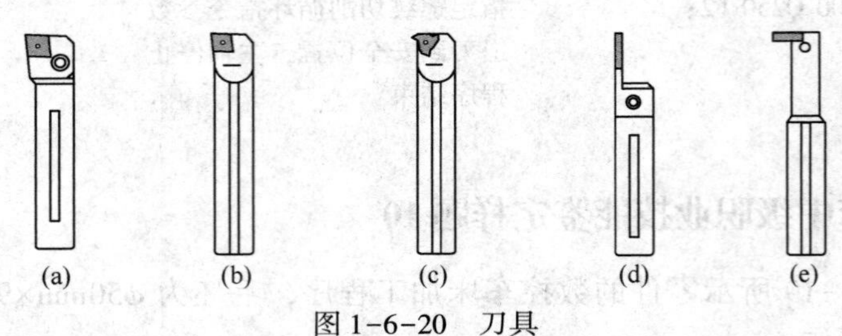

图 1-6-20　刀具

（a）T0101；（b）T0202；（c）T0303；（d）T0404；（e）T0505

6.10.2　项目评分表

考件编号：　　　　　　　姓名：

总分：

（1）现场操作评分见表 1-6-29。

表 1-6-29　现场操作评分

序号	项目	考核内容	配分	考场表现	得分
1	现场操作规范	正确使用机床	2		
2		正确使用量具	2		
3		正确使用刃具	2		
4		正确维护保养	4		
合计			10		

（2）工件质量评分见表1-6-30。

表1-6-30 工件质量评分 （mm）

序号	考核项目	扣分标准	配分	得分	备注
1	总长90mm	每超差0.02扣1分	8		
2	外径 $\phi46$	每超差0.02扣1分	8		
3	外径 $\phi36$	每超差0.02扣1分	8		
4	外径 $\phi34$	超差0.1全扣	5		
5	外径 $\phi42$	超差0.1全扣	4		
6	外槽 $5\times\phi40$	超差0.01扣2分	8		
7	内槽 $5\times\phi26$	超差0.1全扣	4		
8	圆弧 *R*10 圆弧 *R*13	每处2分，超差0.1全扣	10		
9	倒角	每个不合格扣2分，工艺倒角4分（一处没倒全扣）	10		
10	内螺纹 *M*24	环规检测，不合格全扣10分，螺纹长度5分	15		
11	表面粗糙度	加工部分30%不合格扣2分，50%不合格扣4分，75%不合格扣8分，撞刀全扣	10		
合计			90		

6.10.3 加工参考程序

加工零件左半部分程序号：O0001

程序内容	程序说明
G97 M03 S500 T0202；	主轴转速500r/min，调用2号刀
G99 G00 X16 Z5 M8；	快速定位粗加工起点
G71 U1 R0.2 F0.16；	内孔粗车循环，指定加工参数
G71 P10 Q20 U-1 W0.1；	指定循环起、终段段号和精加工余量
N10 G00 X24.25；	
G01 Z0 F0.12；	
X22.25 Z-1；	
Z-22；	
X20；	
N20 Z-32	
G00 Z100 M9；	退刀到 *Z* 轴安全位置
X200 M05；	退刀到 *Z* 轴安全位置，主轴停止
M00；	程序暂停
M03 S700 T202；	主轴转速700r/min，调用2号刀
G00 X16 Z5 M8；	快速定位精加工起点
G70 P10 Q20；	精加工内轮廓
G00 Z100 M9；	退刀到 *Z* 轴安全位置
X200 M05；	退刀到 *Z* 轴安全位置，主轴停止

```
M00;                                   程序暂停
M03 S400 T0505;                        主轴转速400r/min，调用5号刀
G00 X20 Z5;                            定位内槽切槽起点
Z-20;                                  定位内槽切槽起点
G75 R0.2;                              指定切槽循环指令参数
G75 X26 Z-22 P1000 Q2500 F0.1;         指定切槽循环指令参数
G00 Z100;                              退刀到Z轴安全位置
X200 M05;                              退刀到Z轴安全位置，主轴停止
M03 S400 T0303;                        主轴转速400r/min，调用3号刀
G00 X20 Z5;                            定位内螺纹加工起点
G76 P020260 Q80 R0.05;                 指定螺纹切削循环指令参数
G76 X24 Z-18 P975 Q250 F1.5;           指定螺纹切削循环指令参数
G00 Z100;                              退刀到Z轴安全位置
X200 M05;                              退刀到Z轴安全位置，主轴停止
M00;                                   程序暂停
M03 S600 T0101;                        主轴正转600r/min，并调用1号车刀
G0 X52 Z2 M08;                         每转进给，快速定位到循环起点，开启冷却
G71 U1 R0.5 F0.2;                      外圆粗车循环，指定加工参数
G71 P30 Q40 U1 W0.1;                   指定循环起、终段段号和精加工余量
N30 G00 X32;
    G01 Z0 F0.12;
    X34 Z-1;
    Z-5.84;
    G02 X46 Z-15 R10;
N40 Z-52;
G00 X200 Z100 M05;                     退刀到安全位置，主轴停止
M00;                                   程序暂停，测量粗加工尺寸，修改刀补
M03 S1000 T0101;                       主轴转速1000r/min，调用1号刀
G00 X52 Z2;                            快速定位精加工起点
G70 P30 Q40;                           精加工外轮廓
G00 X200 Z100 M05;                     退刀到安全位置，主轴停止
M00;                                   程序暂停
M03 S400 T0202;                        主轴转速400r/min，调用2号车刀
G00 X48 Z-23 M8;                       快速定位到切槽起点
G75 R0.5;                              指定切槽循环指令参数
G75 X40 Z-25 P1000 Q2500 F0.12;        指定切槽循环指令参数
G00 Z-33;                              快速定位到切槽起点
G75 R0.5;                              指定切槽循环指令参数
G75 X40 Z-35 P1000 Q2500 F0.12;        指定切槽循环指令参数
G00 Z-43;                              快速定位到切槽起点
G75 R0.5;                              指定切槽循环指令参数
G75 X40 Z-45 P1000 Q2500 F0.12;        指定切槽循环指令参数
```

程序内容	程序说明
G00 X200 Z100 M05;	退刀到安全位置，主轴停止
M30;	程序结束

加工件右半部分程序号：O0002

程序内容	程序说明
G97 M03 S600 T101;	主轴正转 600r/min，并调用 1 号车刀
G99 G0 X52 Z2 M08;	每转进给，快速定位到循环起点，开启冷却
G71 U1 R0.5 F0.2;	外圆粗车循环，指定加工参数
G71 P10 Q20 U1 W0.1;	指定循环起、终段段号和精加工余量
N10 G00 X0;	
G01 Z0 F0.12;	
G03 X26 Z-13 R13;	
G01 X36 Z-23;	
Z-39;	
X44;	
N20 X48 Z-41;	
M9;	
G00 X200 Z100 M05;	退刀到安全位置，主轴停止
M00;	程序暂停，测量粗加工尺寸，修改刀补
M03 S1000 T0101;	主轴转速 1000r/min，调用 1 号刀
G00 X52 Z2 M8;	快速定位精加工起点
G70 P10 Q20;	精加工外轮廓
M9;	
G00 X200 Z100 M05;	退刀到安全位置，主轴停止
M30;	程序结束

下篇　数控铣床编程与实训指导

项目 1　安全文明生产教育

1.1　数控铣床/数控加工中心安全操作规程

数控机床的操作，一定要做到规范操作，以避免发生人身、设备、刀具等的安全事故。为此，数控机床的安全操作做出了如下规程。

（1）操作前的安全操作：

1）零件加工前，一定要先检查机床的正常运行状态（包括三通，即通电、通水、通油），特别是润滑油箱，可以通过试车的办法进行检查。

2）在操作机床前，请仔细检查输入的数据，以免引起误操作。

3）确保指定的进给速度与操作所需的进给速度相适应。

4）当使用刀具补偿时，请仔细检查补偿方向与补偿量。

5）CNC 与 PMC 参数都是机床厂设置的，通常不需要修改，如果必须修改参数，在修改前请确保对参数有深入全面的了解。

6）机床通电后，CNC 装置尚未出现位置显示或报警画面时，请不要碰 MDI 面板上的任何键，MDI 上的有些键专门用于维护和特殊操作。在开机的同时按下这些键，可能使机床产生数据丢失等误操作。

（2）机床操作过程中的安全操作：

1）手动操作。当手动操作机床时，要确定刀具和工件的当前位置并保证正确指定了运动轴、方向和进给速度。

2）手动返回参考点。机床通电后，请务必先执行手动返回参考点。如果机床没有执行手动返回参考点操作，机床的运动不可预料。

3）手轮进给。在手轮进给时，一定要选择正确的手轮进给倍率，过大的手轮进给倍率容易产生刀具或机床损坏。练习或对刀，牢记 X、Y、Z 的正负方向，避免坐标轴超程。

4）工件坐标系。手动干预、机床锁住或镜像操作都可能移动工件坐标系，用程序控制机床前，请先确认工件坐标系。

5）空运行。通常，使用机床空运行来确认机床运行的正确性。在空运行期间，机床以空运行的进给速度运行，这与程序输入的进给速度不一样，而且空运行的进给速度要比编程用的进给速度快得多。

6）自动运行。机床的自动执行程序时，操作人员不得撤离岗位，要密切注意机床、刀具的工作状况，根据实际加工情况调整加工参数。一旦发现意外情况，应立即停止机床动作。

7）一旦发生危险或紧急情况，马上按下操作面板上的红色“急停”按钮，伺服进给及主轴运转立即停止工作。松开“急停”按钮进入复位状态。

8）禁止戴手套、穿拖鞋、穿裙子进入实验室开机床，头发长的同学必须戴工作帽。加工时身体避免靠近正在旋转的刀具，避免用手直接清理铁屑，防范意外事件发生。

（3）与编程相关的安全操作：

1）坐标系的设定。如果没有设置正确的坐标系，尽管指令是正确的，但机床可能并不按你想象的动作运动。

2）米、英制的转换。在编程过程中，一定要注意米制和英制的转换，使用的单位制式一定要与机床当前使用的单位制式相同。

3）回转轴的功能。当编制极坐标插补或法线方向（垂直）控制时，请特别注意旋转轴的转速。回转轴转速不能过高，如果工件安装不牢，则会由于离心力过大而甩出工件，引起事故。工件和刀具必须安装牢固，尤其安装刀具后，切记立即把主轴上面的手柄取下，避免启动主轴旋转时带动手柄飞出，以免伤人和损坏设备。

4）刀具补偿功能。在补偿功能模式下，发生基于机床坐标系的运动命令或参考点返回命令，补偿就会暂时取消，这可能导致机床不可预想的运动。

（4）关机时的注意事项：

1）确认工件已加工完毕。

2）确信机床的全部运动均已完成。

3）检查工作台面是否远离行程开关。

4）检查刀具是否取下，主轴锥孔内是否已清洁并涂上油脂。

5）检查工作台面是否已清洁。

6）关机时要求退出系统，再关机床电源。

1.2　文明、安全生产学生工作页

1.2.1　参观生产车间现场

（1）参观前请对照表 2-1-1 进行安全自检，并将结果记录在表中。

表 2-1-1　安全自检表

序号	自检问题	记录
1	工作服穿好了吗？	是○　否○
2	手套及饰品都摘掉了吗？	是○　否○
3	穿的鞋子是否防砸、防扎、防滑？	是○　否○
4	戴工作帽了吗？	是○　否○

续表 2-1-1

序号	自检问题	记录
5	女生把长发盘起并塞入工作帽内了吗?	是○ 否○
6	其他	是○ 否○

安全提示:

参观前应注意着装是否符合规范要求;参观时听从教师统一指挥;在加工现场,站在安全区域内进行观察;对各种机床不得随意触摸;在车间里不得大声喧哗和嬉戏打闹。

(2) 将参观过程中看到的机床类型及型号记录下来,见表 2-1-2。

表 2-1-2 记录

序号	类型	型号	数量	厂家

(3) 参观生产现场时,留意车间里的各类安全规章制度,请列举出五条。

(4) 参观结束后,与车间师傅(老师)交流讨论,用自己的语言描述一下数控铣工、加工中心操作工的岗位要求。

分析以下案例。

案例 2-1-1　工人小张是一个年轻漂亮的姑娘。这天,她穿着刚刚网购回来的连衣裙,蹬着新买的高跟皮凉鞋,披着新染的长发,高高兴兴地去厂里上班。上班时间就要到了,她一看时间紧张,便直接进入了车间,启动了机床。刚准备操作,看看自己精心护理的一双手,小张赶紧找出一副手套戴上。

干活过程中,小张发现机器有一点脏,她赶忙用抹布擦了擦。被班组长看到了,过来制止并批评了小张。

问题:

(1) 请讨论一下,小张现在可以开始干活了吗?如果不能,请指出她的哪些行为是错误的,应该如何改正?

(2) 请讨论组长为什么要批评小张?

案例 2-1-2　工人小林是某机床厂的一名一线操作工。按照规定,穿戴整齐,正在设备前进行零件加工，突然，电话铃响，小林便离开工作岗位，站在车间安全通道内，接听电话。挂断电话后，随手点起一支烟，走到设备前，继续加工。

问题：

如果你是班组长，看到此情景，应该如何处理？

1.2.2　任务评价表（表 2-1-3）

表 2-1-3　任务评价表

班级：　　　　　　　　　　学生姓名：

项目	自我评价（20%）			小组评价（20%）			教师评价（60%）		
	10 ~ 9	8 ~ 6	5 ~ 1	10 ~ 9	8 ~ 6	5 ~ 1	10 ~ 9	8 ~ 6	5 ~ 1
活动 1									
活动 2									
安全文明									
操作规范性									
协作精神									
纪律观念									
工作态度									
学习主动性									
工作页质量									
小计									
总评									

任课教师：　　　　年　月　日

项目 2 数控铣床的基本操作

2.1 熟悉数控铣床的基本结构

数控铣床的整体结构如图 2-2-1 所示。

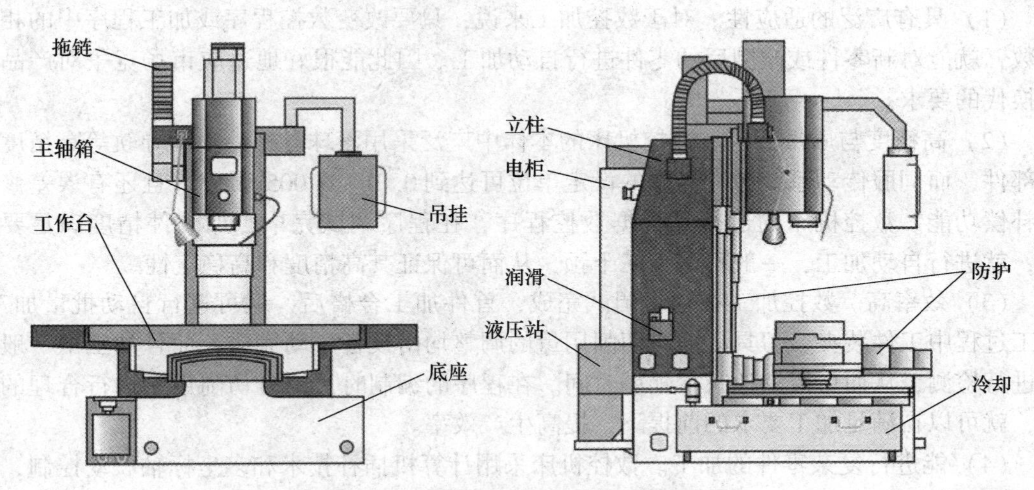

图 2-2-1 XKA714 型数控铣床床身结构

2.1.1 数控铣床的构成

现代数控机床都是 CNC 机床，一般由数控操作系统和机床本体组成，主要包括如下几部分。

（1）CNC 装置。计算机数控装置（即 CNC 装置）是 CNC 系统的核心，由微处理器（CPU）、存储器、各 I/O 接口及外围逻辑电路等构成。

（2）数控面板。数控面板是数控系统的控制面板，主要由显示器和键盘组成。通过键盘和显示器实现系统管理，对数控程序及有关数据进行输入和编辑修改。

（3）机床操作面板。一般数控机床均布置一个机床操作面板，用于在手动方式下对机床进行一些必要的操作，以及在自动方式下对机床的运行进行必要的干预。上面布置有各种所需的按钮和开关。

（4）伺服系统。伺服系统分为进给伺服系统和主轴伺服系统，进给伺服系统主要由进给伺服单元和伺服进给电机组成，用于完成刀架和工作台的各项运动。主轴伺服系统用于数控机床的主轴驱动，一般由恒转矩调速和恒功率调速。为满足某些加工要求，还要求主轴和进给驱动能同步控制。

（5）机床本体。机床本体的设计与制造，首先应满足数控加工的需要，具有刚度大、精度高、能适应自动运行等特点，由于一般均采用无级调速技术，使得机床进给运动和主传动的变速机构被大大简化，甚至取消，为满足高精度的传动要求，广泛采用滚珠丝杆、滚动导轨等高精度传动件。为提高生产率和满足自动加工的要求，还采用自动刀架以及能自动更换工件的自动夹具等。

（6）检测反馈系统。

2.1.2 数控铣床的特点

由于数控机床是计算机自动控制同精密机床两者之间的相互结合，使得它具有高效率、高精度、高柔性等特点。

（1）具有广泛的适应性。对于数控加工来说，只要改变数控程序或加工程序中的相应参数，就能对新零件或改型后的零件进行自动加工。因此能很好地适应市场竞争对产品改型换代的要求。

（2）高精度与质量稳定。数控机床的本体中广泛采用滚珠丝杆、滚动导轨等高精度传动部件，而伺服传动系统脉冲当量的设定单位可达到0.01～0.005mm，并且还有误差修正或补偿功能。数控机床的运行是根据数控程序，在程序调试完毕，加工件精度满足要求后，就进行自动加工，一般不需人工干预，从而可保证其高精度和高稳定性。

（3）效率高。数控加工在程序调试完成，首件加工合格后，就可进行自动批量加工。加工过程中工件装夹、刀具更换、切削用量的调整均由设备自动完成，而且加工中一般无须进行检测，从而可极大地减少辅助时间。在程序的编制时只要对切削用量进行合理的选择，就可以在满足加工要求的前提下，提高生产效率。

（4）能进行复杂零件的加工。数控机床采用计算机插补技术和多坐标轴联动控制，因此可实现任意轨迹运动，并能加工出任何复杂形状的空间曲面，从而满足加工普通机床无法加工的复杂零件。

（5）减轻劳动强度、改善劳动条件。由于数控机床进行的是自动加工，程序调试完成后，一般不需对其进行人工干预，可以大大减轻劳动者的劳动强度，同时可实现一人管理多台机器。

（6）有利于进行现代化管理。数控机床加工能方便、精确的计算零件的加工时间，同时还可以进行自动加工统计，从而做到自动精确计算生产和加工费用，有利于对生产的全过程进行现代化管理。

表2-2-1为学生工作页。

表2-2-1 学生工作页

实习班级________使用设备号________学生________

任务名称	机床认识	实训时间	
任务要求	1. 了解数控铣床的作用 2. 掌握数控铣床的结构及相关参数含义		

续表2-2-1

任务名称	机床认识	实训时间	
任务内容及步骤	任务一：认识数控机床并指出其作用 任务二：能阐述数控铣床结构 任务三：阐述XK714的参数含义		
考核标准	1. 独立阐述数控铣床结构（40分） 2. 指出XK714参数含义（30分） 3. 阐述数控铣床作用（30分）		

考核老师签名：　　　　　　　　　　　　考核时间：

2.2　熟悉数控铣床的常用刀具

2.2.1　数控铣床常用刀具

（1）盘铣刀。一般采用在盘状刀体上机夹刀片或刀头组成，常用于端铣较大的平面，如图2-2-2所示。

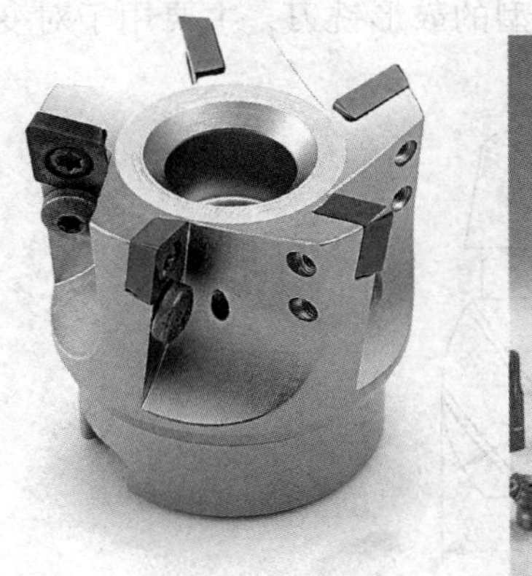

图2-2-2　盘铣刀

（2）端铣刀。分为立铣刀和键槽铣刀。端铣刀是数控铣加工中最常用的一种铣刀，广泛用于加工平面类零件，图2-2-3所示为两种最常见的端铣刀。

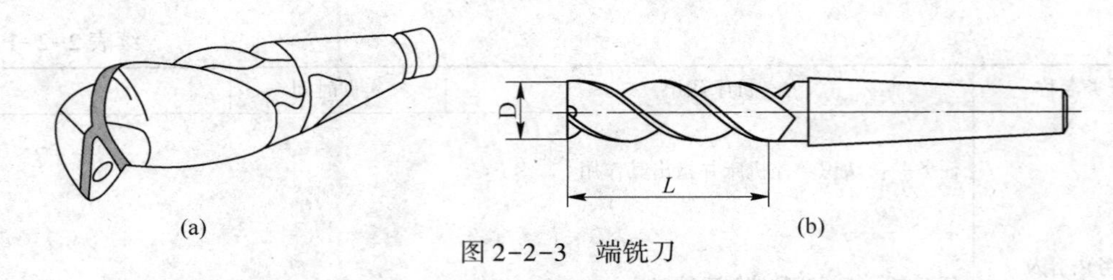

图 2-2-3　端铣刀

（3）成型铣刀。成型铣刀一般都是为特定的工件或加工内容专门设计制造的，适用于加工平面类零件的特定形状（如角度面、凹槽面等），也适用于特形孔或台。图 2-2-4 所示为几种常用的成型铣刀。

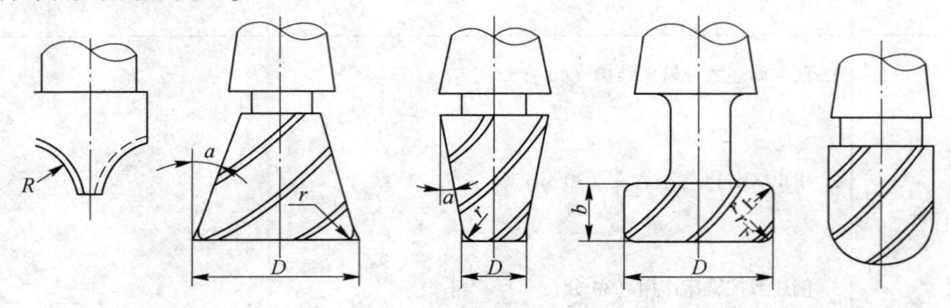

图 2-2-4　成型铣刀

（4）球头铣刀。适用于加工空间曲面零件，有时也用于平面类零件较大的转接凹圆弧的补加工。图 2-2-5 所示为一种常见的球头铣刀。

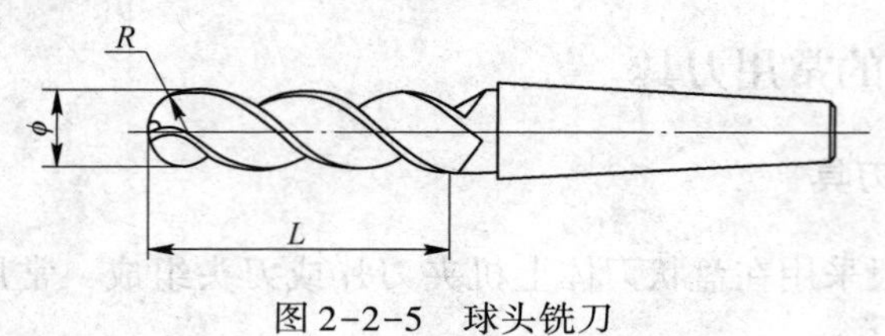

图 2-2-5　球头铣刀

（5）鼓形铣刀。图 2-2-6 所示为一种典型的鼓形铣刀，主要用于对变斜角类零件的变斜角面的近似加工。

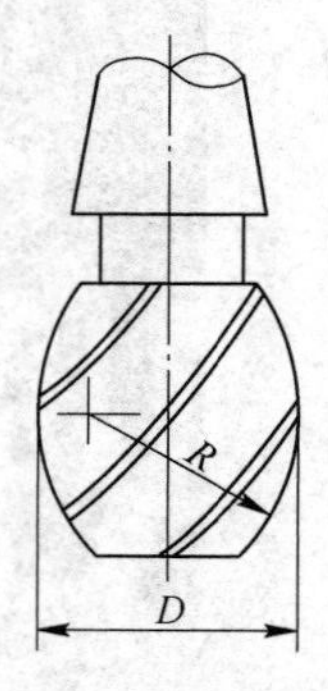

图 2-2-6　鼓形铣刀

除上述几种类型的铣刀外，数控铣床也可使用各种通用铣刀。但因不少数控铣床的主轴内有特殊的拉刀装置，或因主轴内孔锥度有别，故须配制过渡套和拉杆。

2.2.2　数控铣床加工常用量具

数控铣削加工零件的检测，一般常规尺寸仍可使用普通的量具进行测量，如游标卡尺、内径百分表等，也可以采用投影仪测量；而高精度尺寸、空间位置尺寸、复杂轮廓和曲面的检验只有采用三坐标测量机才能完成。

数控铣削加工中常用到的量具有：（1）游标卡尺；（2）外径千分尺；（3）内径千分尺；（4）内径百分表；（5）万能游标角度尺；（6）高度游标卡尺；（7）深度千分尺；（8）表面粗糙度工艺样板。见表2-2-2。

表2-2-2　常用量具

内径千分尺	外径千分尺
	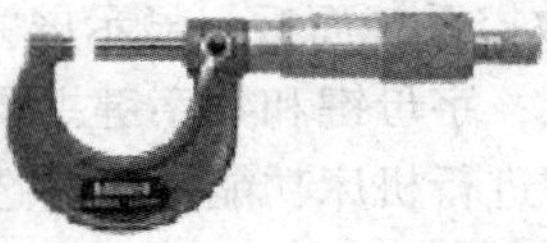
万能游标角度尺	内径百分表

游标卡尺	高度游标卡尺
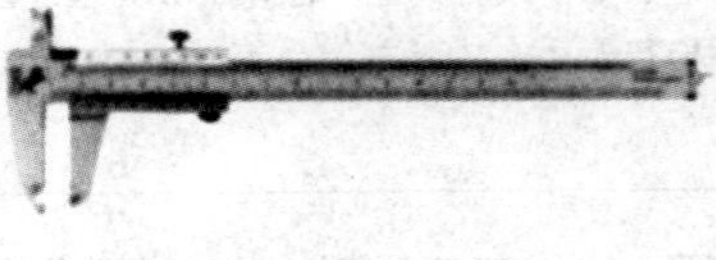	
深度千分尺	三坐标测量机

2.3　FANUC系统的操作面板结构

（1）XKA714型数控铣/加工中心的LCD/MDI面板如图2-2-7所示。上半区域为控制系统操作区，下半区域为机床操作区。

图 2-2-7　LCD/MDI 面板

（2）数控系统面板。显示屏主要用来显示相关坐标位置、程序、图形、参数、诊断、报警等信息；字母键和数字键主要进行手动数据输入，进行程序、参数以及机床指令的输入；功能键进行机床功能操作的选择。

1）按键说明见表 2-2-3。

表 2-2-3　按键说明

编号	名称	功能说明
1	复位键 RESET	按这个键可以使 CNC 复位或者取消报警等
2	帮助键 HELP	当对 MDI 键的操作不明白时，按这个键可以获得帮助
3	软键	根据不同的画面，软键有不同的功能。软键功能显示在屏幕的底端
4	地址和数字键 O P EOB 键 EOB E	按这些键可以输入字母、数字或者其他字符。EOB 为程序段结束符，结束一行程序的输入并换行
5	换挡键 SHIFT	在有些键上有两个字符。按“SHIFT”键输入键面右下角的字符
6	输入键 INPUT	将输入缓冲区的数据输入参数页面或者输入一个外部的数控程序。这个键与软键中的［INPUT］键是等效的
7	取消键 CAN	取消键，用于删除最后一个进入输入缓存区的字符或符号
8	程序编辑键 ALTER、INSERT、DELETE （当编辑程序时按这些键）	ALTER：替换键，用输入的数据代替光标所在的数据 INSERT：插入键，把缓冲区的数据插入到光标之后 DELETE：删除键，删除光标所在的数据，或者删除一个程序或者删除全部数控程序

续表 2-2-3

编号	名称	功能说明
9	功能键 POS PROG OFFSET SETTING SYSTEM MESSAGE CUSTOM GRAPH	按这些键用于切换各种功能显示画面
10	光标移动键 ↑ ← → ↓	→将光标向右移动 ←将光标向左移动 ↓将光标向下移动 ↑将光标向上移动
11	↑PAGE PAGE↓ 翻页键	PAGE↓将屏幕显示的页面往后翻页 ↑PAGE将屏幕显示的页面往前翻页

2）功能键和软键。功能键用来选择将要显示的屏幕画面。按功能键之后再按与屏幕文字相对的软键，就可以选择与所选功能相关的屏幕画面。

①功能键。功能键用来选择将要显示的屏幕的种类。

POS：按此键以显示位置页面。

PROG：按此键以显示程序页面。

OFFSET SETTING：按此键以显示补正/设置页面。包括坐标系、刀具补偿和参数设置页面。

SYSTEM：按此键以显示系统页面。可进行 CNC 系统参数和诊断参数设定，通常禁止修改。

MESSAGE：按此键以显示信息页面。

CUSTOM GRAPH：按此键以显示用户宏页面或显示图形页面。

②软键。要显示一个更详细的屏幕，可以在按功能键后按软键。

最左侧带有向左箭头的软键为菜单返回键，最右侧带有向右箭头的软键为菜单继续键。

（3）机床操作面板（表 2-2-4）。机床操作面板主要进行机床调整、机床运动控制、机床动作控制等。一般有急停、操作方式选择、轴向选择、切削进给速度调整、快速移动速度调整、主轴的启停、程序调试功能及其他 M、S、T 功能等。

表 2-2-4　机床操作项

按键	功能	按键	功能
	自动运行方式		编辑方式
	MDI 方式（手动数据输入）		DNC 运行方式
	手动返回参考点方式		JOG 方式（手动）
	手动增量方式		手轮方式
	单段执行		程序段跳过
	M01 选择停止		手轮示教方式
	程序再启动		机床锁住
	机床空运行		循环启动键
	进给保持键		M00 程序停止
X原点灯	当 X 轴返回参考点时，X 原点灯亮	Y原点灯	当 Y 轴返回参考点时，Y 原点灯亮
Z原点灯	当 Z 轴返回参考点时，Z 原点灯亮	X	X 轴选择键
Y	Y 键轴选择	Z	Z 键轴选择
+	手动进给正方向		快速键
−	手动进给负方向		
	手动主轴正转键		手动主轴停键
	手动主轴反转键	X 1　X 10　X 100　X1000	单步倍率
手动绝对输入	刀具的移动距离是否加到原有坐标上	辅助功能锁住	
Z 轴锁住		手轮方式选择	
冷却液开		限位解除	
攻丝回退		灯检查	同时按两个
	急停键。换刀时要慎重，一般不要用于中断换刀，会使刀具处于非正常位置		进给速度（F）调节旋钮。为 0 时没有进给运动
	调节主轴速度旋钮		

（4）手轮面板见表2-2-5。

表2-2-5　手轮面板

按键	功能
	坐标轴：OFF、X、Y、Z、4　本机床4没用 单步进给量：×1、×10、×100　单位为μm
	手轮顺时针转，机床往正方向移动；手轮逆时针转，机床往负方向移动 当单步进给量选择较大时，手轮不要转动太快

2.4　数控铣的基本操作

2.4.1　开关机

数控铣/加工中心要求有配气装置，首先应给机床供气，启动计算机，进行开机前检查，然后按如下步骤开机：

（1）机床后面的电源总开关ON；

（2）操作面板Power ON；

（3）急停按钮向右旋转弹起，当CRT显示坐标画面时，开机成功。

在机床通电后，CNC单元尚未出现位置显示或报警画面之前，不要碰MDI面板上的任何键。MDI面板上的有些键专门用于维护和特殊操作。按这其中的任何键，可能使CNC装置处于非正常状态。在这种状态下启动机床，有可能引起机床的误动作。

关机步骤：

（1）将各轴移到中间位置；

（2）按急停按钮；

（3）再按操作面板Power Off；

（4）最后关掉电源总开关。

2.4.2　手动操作

（1）回参考点。先按“POS”坐标位置显示键，在［综合坐标］页面中查看各轴是否有足够的回零距离（回零距离应大于40mm）。如果回零距离不够，可用“手动”或“手轮移动”方式移动相应的轴到足够的距离。

为了安全，一般先回Z轴，再回X轴或Y轴。

回参考点步骤：

1）按返回参考点键；

2）选择较小的快速进给倍率（25%）；

3）按“Z”键，再按“+”键，当Z轴指示灯闪烁，Z轴即返回了参考点；

4）依上述方法，依此按“X”键、“+”键、“Y”键、“+”键，X、Y轴返回参考点。

（2）手动连续进给（JOG）。刀具沿着所选轴的所选方向连续移动。操作前检查各种旋钮选择的位置是否正确，确定正确的坐标方向，然后再进行操作。

1）按“手动连续”按键，系统处于连续点动运行方式；

2）调整进给速度的倍率旋钮；

3）按进给轴和方向选择按键，选择将要使刀具沿其移动的轴及其方向。释放按键移动停止。如：按“X”键（指示灯亮），再按住“+”键或“-”键，X轴产生正向或负向连续移动；松开“+”键或“-”键，X轴减速停止；

（3）增量进给。刀具移动的最小距离是最小的输入增量，每一步可以是最小输入增量的1、10、100或1000倍。增量进给的操作方法：

1）按“增量进给”键，系统处于增量移动方式；

2）通过按“单步倍率”键选择每一步将要移动的距离；

3）按进给轴键和方向选择按键，选择要使刀具沿其移动的轴及其方向。每按一次方向键，刀具移动一步。

（4）手轮进给。刀具可以通过旋转手摇脉冲发生器微量移动。当按操作面板上的“手轮控制”时，利用手轮选择移动轴和手轮旋转一个刻度时刀具移动的距离。手轮的操作方法如下：

1）按“手轮”键，系统处于手轮移动方式。

2）按“手持单元选择”键后，可用手轮选择轴和单步倍率。

3）旋转选择轴旋钮，选择刀具要移动的轴。

4）通过手轮旋钮选择刀具移动距离的放大倍数。旋转手轮一个刻度时刀具移动的距离等于最小输入增量乘以放大倍数（选择手轮旋转一个刻度时刀具移动的距离）。

5）根据坐标轴的移动方向决定手轮的旋转方向。手轮顺时针转，刀具相对工件向坐标轴正方向移动；手轮逆时针转，往负方向移动。

（5）手动装/卸刀具。手动安装刀具时，选择“手动”模式，左手握紧刀柄，将刀柄的缺口对准端面键，右手按Z轴上的换刀按钮，压缩空气从主轴吹出以清洁主轴的刀柄，按住此按钮，直到刀柄锥面与主轴锥孔完全贴合，松开按钮，刀具被自动位紧。

卸刀时，选择“手动”模式，应先用左手握住刀柄，再按换刀按钮（否则刀具从主轴内掉下会损坏刀具、工件和夹具等），取下刀柄。

2.4.3　自动运行操作

（1）自动加工。首件试切最好单段执行，操作者不得离开，以确保无误。

自动加工操作：

1）按自动键，系统进入自动运行方式。

2）打开所要使用的加工程序，按“PROR（程序）”键以显示程序屏幕→按地址键“O”→使用数字键输入程序号→按［O搜索］软键或按光标键。

3）将进给倍率调到较低位置。

4）按循环启动键（指示灯亮），系统执行程序，进行自动加工。

5）在刀具运行到接近工件表面时，把进给倍率调到0，使进给停止下来，验证Z轴绝对坐标，Z轴剩余坐标值及X、Y轴坐标值与加工设置是否一致）。

（2）自动运行停止：

1）进给暂停。程序执行中，按机床操作面板上的进给暂停键，可使自动运行暂时停止，主轴仍然转动，前面的模态信息全部保留，再按循环启动键，可使程序继续执行。

2）程序停止。按面板上的复位键RESET，中断程序执行，再按循环启动键，程序将从头开始执行。

（3）MDI运行。在MDI方式中，通过MDI面板可以编制最多10行的程序并被执行。操作方法如下：

1）按MDI键，系统进入MDI运行方式。

2）按面板上的程序PAGE键，再按［MDI］软键，系统会自动显示程序号O0000。

3）编制一个要执行的程序，若在程序段的结尾加上M99，程序将循环执行。

4）利用光标键，将光标移动到程序头（本机床光标也可以在最后）。

5）按循环启动键（指示灯亮），程序开始运行。当执行程序结束语句（M02或M30）或者%后，程序自动清除并且运行结束。

（4）停止/中断MDI运行。

1）停止MDI运行。如果要中途停止，按进给暂停键，这时机床停止运行，并且循环启动键的指示灯灭、进给暂停指示灯亮；再按循环启动键，就能恢复运行。

2）中断MDI运行。按面板上的复位键可以中断MDI运行。

2.4.4 创建和编辑程序

（1）新建程序。手工输入一个新程序的方法：

1）按面板上的编辑键，系统处于编辑方式。

2）按面板上的程序键PAGE，显示程序画面。

3）用字母和数字键输入程序号。例如，输入程序号“O0006”。

4）按系统面板上的插入键INPUT。

5）输入分号“；”。

6）按系统面板上的插入键。

7）这时程序屏幕上显示新建立的程序名，接下来可以输入程序内容。在输入到一行程序的结尾时，按 EOB 键生成“;”，然后再按插入键。这样程序会自动换行，光标出现在下一行的开头。

（2）编辑程序。下列各项操作均是在编辑状态下，程序被打开的情况下进行的。

1）字的检索：

①按［操作］软键。

②按向右箭头（菜单扩展键），直到软键中出现［检索（SRH）↑］和［检索（SRH）↓］软键。

③输入需要检索的字，如要检索 M03。

④按［检索］键。带向下箭头的检索键为从光标所在位置开始向程序后面检索，带向上箭头的检索键为从光标所在位置开始向程序前面进行检索，可以根据需要选择一个检索键。

⑤光标找到目标字后，定位在该字上。

2）光标跳到程序头。当光标处于程序中间，而需要将其快速返回到程序头时，可用下列三种方法。

方法一：在“编辑”方式，当处于程序画面时，按复位键 RESET，光标即可返回到程序头。

方法二：在“自动运行”或“编辑”方式，当处于程序画面时，按地址 O→输入程序号→按软键［O 检索］。

方法三：在“自动运行”或“编辑”方式下→按“PROR（程序）”键→按［操作］键→按［REWIND］键。

3）字的插入：

①使用光标移动键或检索，将光标移到插入位置前的字；

②键入要插入的字；

③按“INSERT（插入）”键。

4）字的替换：

①使用光标移动键或检索，将光标移到替换的字；

②键入要替换的字；

③按“ALTER（替换）”键。

5）字的删除：

①使用光标移动键或检索，将光标移到替换的字；

②按“DELETE（删除）”键。

6）删除一个程序段：

①使用光标移动键或检索，将光标移到要删除的程序段地址 N；

②键入“;”；

③按“DELETE（删除）”键。

7）删除多个程序段：

①使用光标移动键或检索，将光标移到要删除的第一个程序段的第一个字；

②键入地址 N；

③键入将要删除的最后一个段的顺序号；

④按“DELETE（删除）”键。

（3）打开程序文件。打开存储器中程序的方法：

1）选“编辑”或“自动运行”方式→按“PROR（程序）”键，显示程序画面→输入程序号→按光标下移键即可。

2）按系统显示屏下方与［DIR］对应的软键，显示程序名列表。

3）使用字母和数字键，输入程序名。在输入程序名的同时，系统显示屏下方出现［O 检索］软键。

4）输完程序名后，按［O 检索］软键。

5）显示屏上显示这个程序的程序内容。

（4）删除程序：

1）在“编辑”方式下，按“程序”键；

2）按 DIR 软键；

3）显示程序名列表；

4）使用字母和数字键，输入欲删除的程序名；

5）按面板上的“DELETE（删除）”键，再按［执行］键，该程序将从程序名列表中删除。

练习程序：

```
O0019
G54M03S800T01M06H01D01F80
G43G00Z50
X-50Y-50
Z2
G01Z-5
G41G01X-44Y-44
Y-12
G03Y12R-12
G01Y32
G02X-32Y44R12
G01X-12
G03X12R-12
G01X32
G52X10Y10
G02X44Y32R12
G01Y12
G03Y-12R-12
G01Y-32
G02X32Y-44R12
G01X12
G03X-12R-12
G01X-32
```

```
G02X-44Y-32R12
G00Z50
G40G00Z60
M00
G68X0Y0R45
G00X-8Y-20
Z2
G01Z-5
G41G01Y-8
Y8
X8
Y-8
X-8
G00Z20
G40G00Z50
G69
G00X0Y-23
Z2
G01Z-5
G42X-19Y-25
G02X-25Y-19R6
G01Y19
G02X-19Y25R6
G01X19
G02X25Y19R6
G01Y-19
G02X19Y-25R6
G01X-19
G00Z20
G40G00Z50
T02M06S300F40H2            （钻孔　φ10mm 钻头）
G43G00Z20
G83X32Y32Z-5R2Q2
X-32
Y-32
X32
G80
G00Z50
G49
M05
M30
```

插入 G69 至 G40 前面

修改 G83 指令中的 R2 为 R10

删除 G52X10Y10

学生作业页见表2-2-6。

表2-2-6 学生工作页

实习班级________使用设备号________学生________

任务名称	程序输入练习	实训时间	
任务要求	1. 掌握数控程序的输入方法、删除程序、调出程序 2. 掌握程序内容的编辑处理（程序内容的删除、插入、替换、查找）		
任务内容及步骤	任务一：数控程序的创建（O01702、O1875、O8954） 任务二：数控程序的删除（O01702、O1875） 任务三：数控程序的调出（O8954） 任务四：数控程序内容的编辑（O4001、O4002、O4004三个程序的输入练习），第四个程序由同学指定________。 （1）内容删除（O4001：F80，X130，________ O4002：Y-2.5，G68 ________ O4004：M08，X160，________） （2）内容插入指定位置插入（O4001：M07，Z10 ________ O4002：X25，GOO ________ O4004：Z100，M00 ________） （3）内容查找（O4001：M00，X35 ________ O4002：G80，Y60 ________ O4004：Z200，G43 ________） （4）内容替换（O4001：F100-F80，Y50-Y30 ________ O4002：Y60-Y50，R5-R10 ________ O4004：S2000-S1500，________） （5）字符删除 M05-M03，X60-X50，Y80-X80		
考核标准	考核输入程序： 评分标准： 1. 给定指定程序输入按规定时间完成 2. 现场考核程序的内容删除、插入、查找、替换、删除字符各三处 3. 考核不及格者，必须重新考核	考生成绩：	

考核老师签名： 考核时间：

2.5 数控铣的对刀

随着技术的发展，对刀仪、寻边器等的普遍应用，对刀过程越来越方便。这里介绍最普遍的试切法对刀（假设零件的编程原点在工件上表面的几何中心）。

2.5.1 用动触法确定以工件中心为原点的方法

（1）按工艺要求装夹工件，并在工件准备要碰触的表面贴上纸条。

（2）按编程要求，确定刀具编号并安装刀具。

（3）启动主轴。若主轴启动过，直接在“手动方式”下→按主轴正转即可；否则在“MDI方式”下→输入 M03S×××，→再按“循环启动”。

（4）在“手轮”模式下→快速移动 X、Y、Z 轴到接近工件的位置→再移动 *Z* 轴到工件表面以下的某个位置。

（5）X 轴原点的确定。移动 X 轴到与工件的一边接触（为了不破坏工件表面，操作时可在工件表面贴上薄纸片）→把 X 坐标清零（按“POS（位置）”），选择相对坐标，按面板上的“X”键，当 CRT 上的“X”闪动时，→按［归零］，X 轴相对坐标变为 0）→提刀→移动刀具到工件的对边，使其与工件表面接触→读出此时 X 轴的相对坐标→把 X 的相对坐标值除以 2→打开设置界面，点开坐标系，光标移动至 G54 中，然后输入 X 数值（该数值为刚算出来的数值），然后点软键测量，就完成了 X 轴的对刀。

（6）Y 轴方向用相同的方法可找到原点。

（7）Z 轴原点，移动刀具使刀位点与工件上表面接触；直接找出坐标系界面，按 Z0 测量就可。

2.5.2　静触法对刀确定工件各个角为原点

（1）按工艺要求装夹工件。

（2）安装好需要对刀的刀具。

（3）扯一张长的纸条。

（4）通过手轮操作使刀具降低到一定高度，靠近工件。

（5）当 X 方向靠近到一定程度，把纸条塞到刀具与工件之间，并不断来回动作；同时用手轮操作机床使刀具进一步靠近工件，直至纸条被扯断为止。

（6）输入坐标系界面。打开坐标系界面→光标移动 G55→输出 X+刀具半径→测量。

（7）Y 的输入跟 X 轴一样。

（8）Z 的输入跟第一种方法相似。

学生工作页见表 2-2-7。

表 2-2-7　学生工作页

实习班级________使用设备号________学生________

任务名称	对刀及平面加工	实训时间	
任务要求	1. 掌握动态对刀及静态对刀的方法 2. 学会平面加工程序编写及平面加工注意事项 3. 学会用磨刀机刃磨刀具		
任务内容及步骤	任务一：采用动态对刀法，对工件中心进行对刀。（G54）写出操作步骤 任务二：采用静态对刀法，对工件四个角进行对刀，分别输入到 G55/G56/G57/G58 中 任务三：编写平面加工程序 加工 ϕ80mm×80mm 毛坯平面程序，加工深度为 1mm 任务四：输入程序，进行加工。写出操作步骤 任务五：使用磨刀机磨刀，写出操作步骤		

续表 2-2-7

任务名称	对刀及平面加工	实训时间	
考核标准	1. 检查五个对刀点位置是否正确。每个20分 2. 加工一个平面，程序正确，操作过程完整，各占一半分		

考核老师签名：　　　　　　　　　　考核时间：

项目3　数控铣床手工编程与基本加工

3.1　数控铣床编程基础知识

3.1.1　任务目标

（1）了解数控编程的方法。

（2）掌握数控铣床的机床坐标系，会建立合理的工件坐标系。

（3）熟悉数控编程的格式及内容。

（4）掌握（FANUC 0i 系统）的指令代码。

3.1.2　任务实施步骤

先通过学习理论知识，再通过做练习将所学的指令代码正确灵活运用。

3.1.3　相关知识

3.1.3.1　数控编程

（1）数控编程的概念。从零件图纸到编制零件加工程序和制作控制介质的全部过程称为数控程序编制。

（2）数控编程的方法：

1）手工编程；

2）自动编程。

3.1.3.2　数控编程的步骤

数控编程的一般步骤如图2-3-1所示。

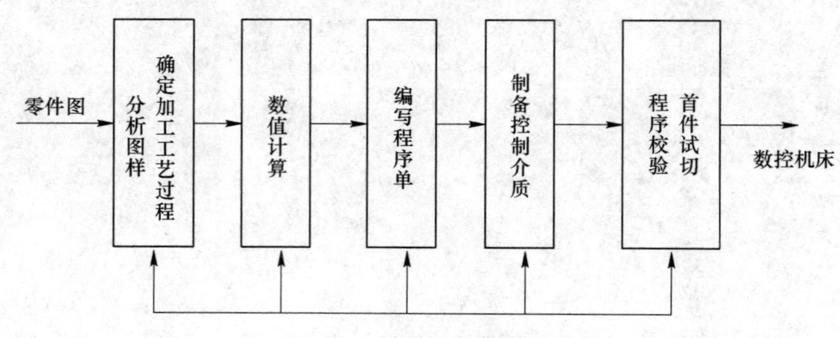

图2-3-1　数控编程的步骤

3.1.3.3　数控铣床坐标系

（1）数控铣床坐标系建立的原则：

1）刀具相对于静止的工件运动的原则。

2）坐标系三个坐标轴的确定步骤：

①确定 Z 轴。国际标准规定以主轴轴线为 Z 轴；以远离工件的方向为正。

②确定 X 轴。X 轴的确定有两个原则：首先 X 轴必为水平轴；其次 X 轴平行于安装基准面。方向也是以远离工件方向为正。

③确定 Y 轴。Y 轴的确定依据右手笛卡尔法则。在图 2-3-2 中，中指为 Z 轴正方向，大拇指的方向为 X 轴的正方向，食指为 Y 轴的正方向。

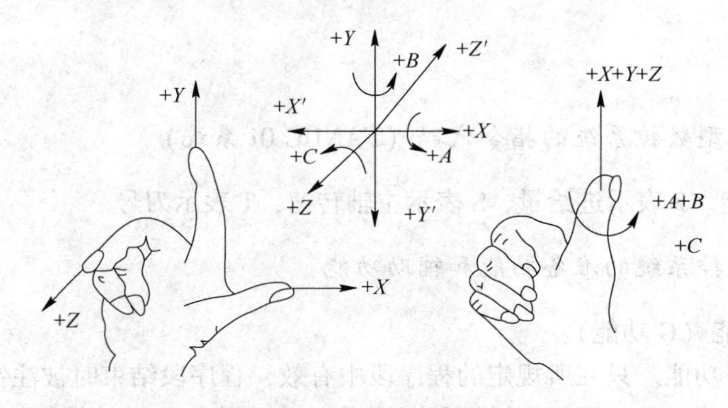

图 2-3-2　右手笛卡尔坐标系

（2）数控铣床的坐标系。

1）机床坐标系和机床原点。机床坐标系是机床上固有的坐标系。机床坐标系的原点也称为机床原点或机床零点，在机床经过设计制造和调整后这个原点便被确定下来，它是固定的点。

在标准中，规定平行于机床主轴（传递切削力）的刀具运动坐标轴为 Z 轴，取刀具远离工件的方向为正方向。如果机床有多个主轴时，则选一个垂直于工件装夹面的主轴为 Z 轴。X 轴为水平方向，且垂直于 Z 轴并平行于工件的装夹面。对于刀具做旋转运动的机床（如铣床、镗床），当 Z 轴为水平时，沿刀具主轴后端向工件方向看，向右的方向为 X 的正方向；如 Z 轴是垂直的，则从主轴向立柱看时，对于单立柱机床，X 轴的正方向指向右边。上述正方向都是刀具相对工件运动而言。在确定了 X、Z 轴的正方向后，可按右手直角笛卡尔坐标系确定 Y 轴的正方向，即在 $Z-X$ 平面内，从 $+Z$ 转到 $+X$ 时，右螺旋应沿 $+Y$ 方向前进。

2）工件坐标系。工件坐标系是编程人员在编程时使用的，编程人员选择工件上的某一已知点为原点称编程原点或工件原点。工件坐标系一旦建立便一直有效，直到被新的工件坐标系所取代。

3.1.3.4　数控编程格式及内容

数控程序的结构。一个完整的数控程序是由程序号、程序内容和程序结束三部分组成。

例如：

```
%
O0029                                   程序名
N10 G15 G17 G21 G40 G49 G80;  ┐
N20 G91 G28 Z0;               ├         程序内容
N30 T1 M6;                    ┘
N40 G90 G54 S500 M03;
·
·
·
N100 M30;                               程序结束
```

3.1.3.5　典型数控系统的指令代码（FANUC 0i 系统）

F、S、T 功能。F 表示进给量，S 表示主轴转速，T 表示刀号。

3.1.3.6　数控系统的准备功能和辅助功能

（1）准备功能（G 功能）：

1）非模态 G 功能。只在所规定的程序段中有效，程序段结束时被注销。

2）模态 G 功能。一组可相互注销的 G 功能，这些功能一旦被执行，则一直有效，直到被同一组的 G 功能注销为止。

（2）辅助功能 M 代码。控制机床及其辅助装置的通断的指令。用地址 M 和二位数字表示，从 M00 ~ M99 共有 100 种，数控铣削及加工中心编程常用辅助功能指令。

（3）平面选择指令。当机床坐标系及工件坐标系确定后，对应地就确定了三个坐标平面，即 *XY* 平面、*ZX* 平面和 *YZ* 平面，可分别用 G 代码 G17、G18、G19 表示这三个平面。

G17——*XY* 平面

G18——*ZX* 平面

G19——*YZ* 平面

（4）工件坐标系选择 G54 ~ G59。

（5）回参考点控制指令：

1）自动返回参考点 G28。

格式：G28 X_ Y_ Z_ 。

2）自动从参考点返回 G29。

格式：G29 X _ Y_ Z_ 。

3.2　基本编程指令

3.2.1　快速定位指令 G0

（1）指令格式：

G17G0　X_ Y_ 。

（2）说明：以快速定位的方式到达 G17 平面的 *XY* 位置。

G0 不需要指定速度，是系统预设好的。

3.2.2　直线插补指令 G01

（1）指令格式：

G17G01X_ Y_ F_ 。

（2）说明：指令以给定速度工进到指令位置。

X_ Y_ 为给定位置的终点坐标；

F 为工件的进给量。

3.2.3　绝对值编程和增量值编程（G90，G91）

（1）指令格式：

G90 X_ Y_ Z_ ；

G91 X_ Y_ Z_ ；

（2）说明：

1）G90：绝对坐标编程（G90 为开机默认指令，编程时可省略）。

G91：增量坐标编程。

2）X_ Y_ Z_ ：表示坐标值。在 G90 中表示编程终点的坐标值；在 G91 中表示编程移动的距离。

例如：

G54 G90；	指定平面、工件坐标，以绝对编程的方式
G0 X40 Y40；	到工件起始坐标点准备下刀
G0Z100 ；	刀具抬到 Z100 的位置
M3 S600；	主轴正转，转速 600r/min
M8；	开冷却液
G0 Z2；	靠近工件 Z2 位置
G1 Z-2 F20；	刀具下刀深 2mm，速度 20，开始刀削
Y60；	
X30；	
X40 Y90；	
X80；	
X90 Y60；	
X80；	
Y40；	
X40；	
G0 Z100；	抬刀到 100 的位置（图 2-3-3）
M9；	关冷却液
M5；	主轴停转
M30；	程序结束并返回程序开头

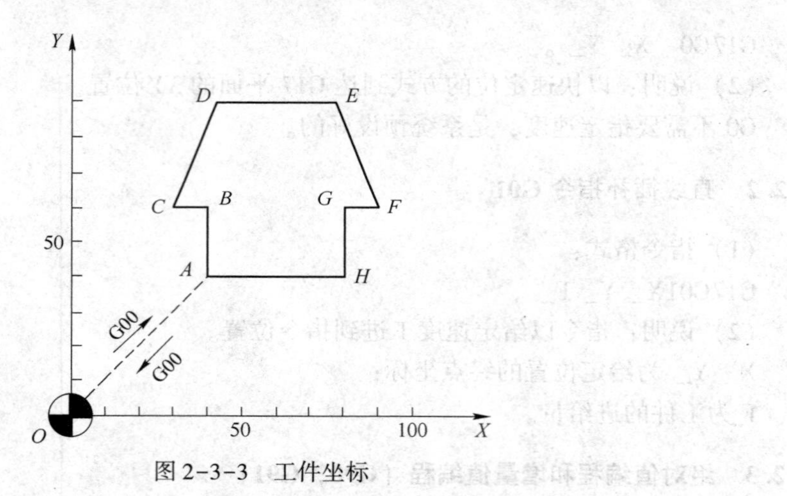

图 2-3-3　工件坐标

3.2.4　圆弧插补指令 G02、G03

(1) 指令格式 1:(终点+半径)

G17 G2/G3 X_　Y_　R_　F_

G18 G2/G3 X_　Y_　R_　F_

G19 G2/G3 X_　Y_　R_　F_

说明: G17、G18、G19 为平面选择, *X*、*Y* 是圆弧终点坐标, *R* 是圆弧半径, *F* 是进给速度。注意半径 *R* 有大圆弧和小圆弧区别, 大圆弧要用负值 (-*R*), 小圆弧用正值 (*R*), 如图 2-3-4 所示。

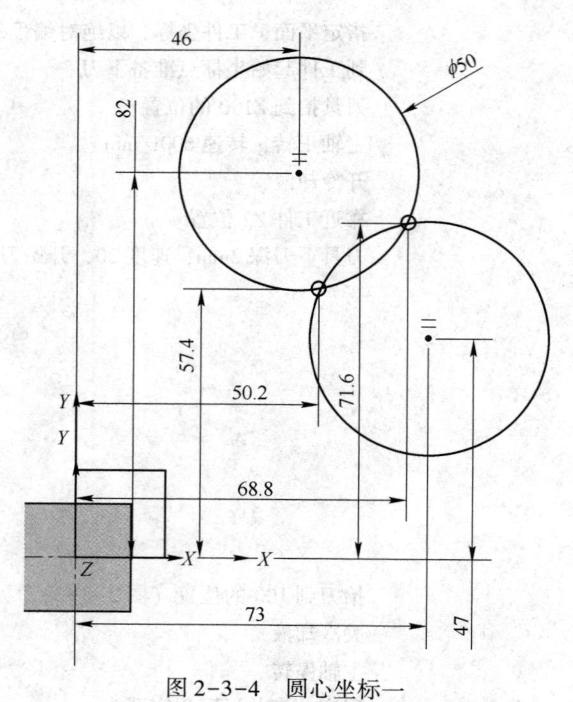

图 2-3-4　圆心坐标一

例如：

小圆弧：

G1 X50.2 Y57.4 F300

G2 X68.8 Y71.6 R25

大圆弧：

G1 X50.2 Y57.4 F300

G2 X68.8 Y71.6 R-25

（2）格式2：I J K 方式（终点+I J K）

G17 G2/G3 X_ Y_ I_ J_ F_

G18 G2/G3 X_ Z_ I_ K_ F_

G19 G2/G3 Y_ Z_ J_ K_ F_

说明：在半径未知的情况下，但知道圆心的坐标。I、J、K 的意思是：圆心的 *X*、*Y*、*Z* 坐标相对于起点的 *X*、*Y*、*X* 坐标的增量。

I、J、K=（圆心 *XYZ*）-（起点 *XYZ*）

例如：

G1 X50.2 Y57.4 F300

G2 X68.8 Y71.6 I22.8 J-10.4

如果是绕一个整圆，就不能用终点+半径的方式，只能用 I、J、K 方式。

G1 X50.2 Y57.4 F300

G3 I22.8 J-10.4

逆时针整圆，*X*、*Y* 在上一句中已经被指定，所以在下一句中可以省略不写。而且起点与终点重合，所以只需要写一个起点就可以了（图2-3-5）。

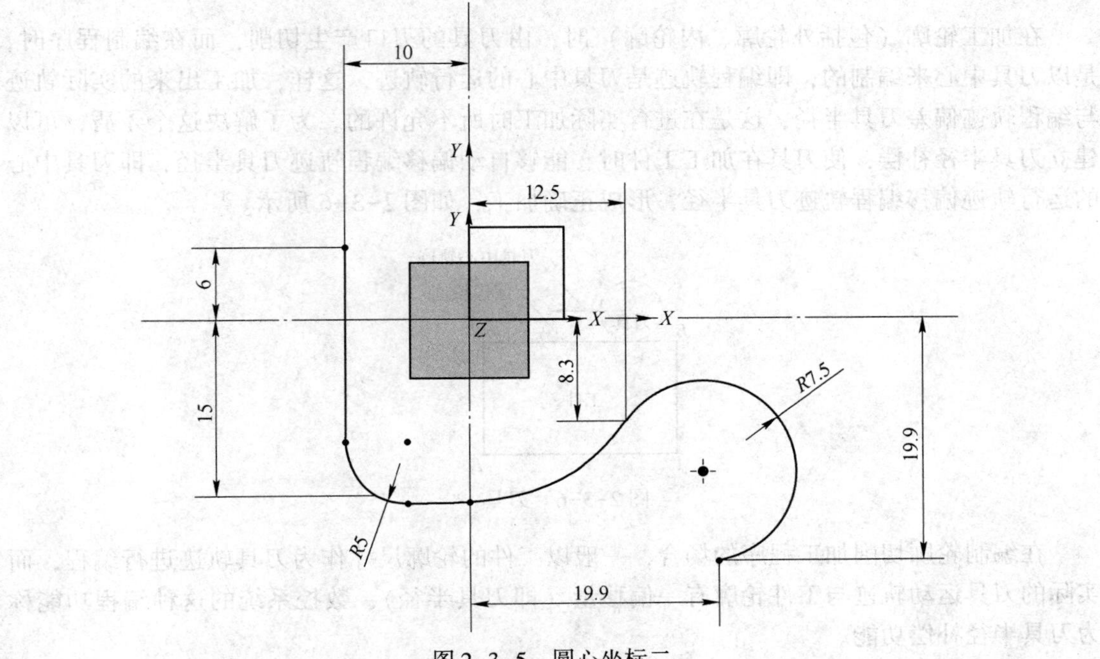

图2-3-5 圆心坐标二

例如：

O0001	文件名
G91 G28 Z0	回 Z0 的参考点（G28）Z 轴最高位置，可加可不加，针对老机床换刀时怕回不到换刀位置
M6 T1	换刀
G17 G55 G90	选择 G17 平面 G55 坐标，绝对编程方式
G0 X-10.0 Y6.0	快速定位到 X、Y 起点位置
Z100.0 G43 H1	抬刀到 Z100 位置（G43 H1 刀具长度补偿）
M3 S750	主轴正转，转速 750r/min
G0 Z5.0	靠近零件 5mm 位置
M8	开启冷却液
G1 Z-2.0 F20.0	直线切削，下刀深度 2mm
Y-15.0 R5.0 F300.0	直线走到 Y-15 位置，插入 R5 圆角速度
300	
X0	到 X0 位置
G3 X12.5 Y-8.3 J15.0	逆时针圆弧，终点位置知道 X12.5 Y-8.3，半径不知道，用 I J K 方式，因为 I 在 X 方向的增量是 0 所以不用写，J 的增量是 15
G2 X19.9 Y-19.9 R-7.5	顺时针圆弧，知道半径，用终点+半径方式，且大于半圆 R 值用负数
G0Z100.0	抬刀到 Z100 位置
M9	关闭冷却液
M5	主轴停转
M30	程序结束并回程序开头

3.2.5 刀具半径补偿指令

在加工轮廓（包括外轮廓、内轮廓）时，由刀具的刃口产生切削，而在编制程序时，是以刀具中心来编制的，即编程轨迹是刀具中心的运行轨迹，这样，加工出来的实际轨迹与编程轨迹偏差刀具半径，这是在进行实际加工时所不允许的。为了解决这个矛盾，可以建立刀具半径补偿，使刀具在加工工件时，能够自动偏移编程轨迹刀具半径，即刀具中心的运行轨迹偏移编程轨迹刀具半径，形成正确加工，如图 2-3-6 所示。

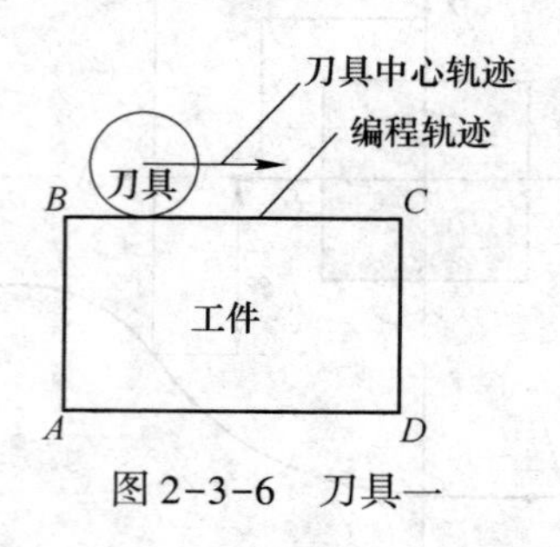

图 2-3-6 刀具一

在编制轮廓切削加工程序的场合，一般以工件的轮廓尺寸作为刀具轨迹进行编程，而实际的刀具运动轨迹与工件轮廓有一偏移量（即刀具半径），数控系统的这种编程功能称为刀具半径补偿功能。

（1）格式：G41 G00/G01 X_ Y_ F_ D_　　（刀具半径左补偿）

G42 G00/G01 X_ Y_ F_ D_　　（刀具半径右补偿）

G40　　（取消刀具半径补偿）

D—用于存放刀具半径补偿值的存储器号。

（2）判别左右刀补的方法。沿着刀具的前进方向，看刀具与工件的位置关系，如果刀具在工件的左侧，为左刀补，用指令 G41 表示；反之，用指令 G42 表示，如图 2-3-7 所示。

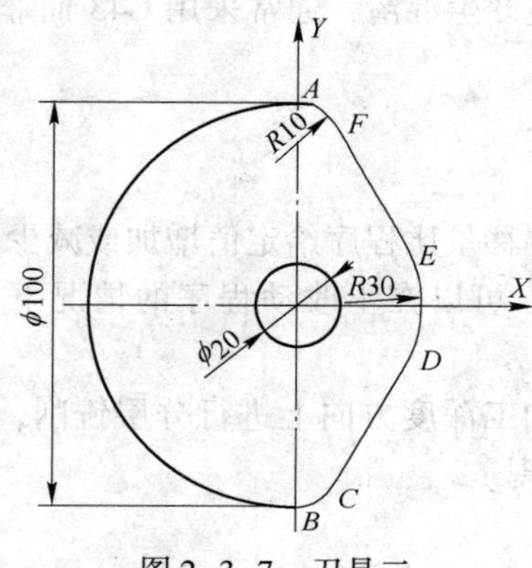

图 2-3-7　刀具二

（3）刀具半径补偿的工作过程。刀具半径补偿执行的过程可分为三步。

1）刀具补偿建立。

2）刀具补偿进行。

3）刀具补偿撤销。

刀补进行中若要进行 G41、G42 转换时，必须先取消然后再建立刀具补偿。

（4）内、外轮廓加工的走刀路线。若刀具只能沿内轮廓曲线的法向切入切出，此时刀具的切入切出点应尽量选在内轮廓曲线两几何元素的交点处。

（5）刀具半径补偿的应用：

1）避免计算刀具中心轨迹，直接用零件轮廓尺寸编程。

2）刀具因磨损、重磨、换新刀而引起刀具半径改变，不修改程序。

3）用同一程序、同一尺寸的刀具，利用刀具补偿值可进行粗精加工。

4）利用刀具补偿值控制工件轮廓尺寸精度。

（6）思考与练习。试用刀具半径补偿指令编写平面凸轮零件的加工程序（刀具下刀深度 5mm）。

3.2.6　刀具长度补偿指令 G43、G44、G49

刀具长度补偿是用来补偿假定的刀具长度与实际的刀具长度之间的差值。系统规定除 *Z* 轴之外，其他轴也可以使用刀具长度补偿，但同时规定长度补偿只能同时加在一个轴上，要对补偿轴进行切换，必须先取消对前面轴的补偿。

（1）指令格式：

G43 H ____；（刀具长度补偿“+”）

G44 H ____；（刀具长度补偿“-”）

G49 或 H00：（取消刀具长度补偿）

其中：H——指令偏置量存储器的偏置号。执行程序前，需在与地址 H 所对应的偏置量存储器中，存入相应的偏置值。

（2）指令说明：

1）G43、G44 为模态指令，可以在程序中保持连续有效。G43、G44 的撤销可以使用 G49 指令或选择 H00（刀具偏置值 H00 规定为 0）。

2）在实际编程中，为避免产生混淆，通常采用 G43 而非 G44 的指令格式进行刀具长度补偿的编程。

（3）刀具长度补偿的作用：

1）用于刀具轴向的补偿。

2）使刀具在轴向的实际位移量比程序给定值增加或减少一个偏置量。

3）刀具长度尺寸变化时，可以在不改动程序的情况下，通过改变偏移量达到加工尺寸。

4）利用该功能，还可在加工深度方向上进行分层铣削，即通过改变刀具长度补偿值的大小，通过多次运行程序实现。

项目4 数控铣的基本加工

4.1 外轮廓铣削的手工编程与操作

4.1.1 实训目的

（1）熟练掌握数控铣床（加工中心）操作面板上各个按键的功用及其使用方法。
（2）掌握 G02、G03、G01 与 G00 指令的应用和编程方法。
（3）掌握 G90、G91、G41、G42 在程序编制中的应用。
（4）掌握程序输入及修改方法。
（5）熟练掌握程序输入的正确性及检验。

4.1.2 实训设备

数控铣床。

4.1.3 实训内容

（1）如图 2-4-1 所示，编写数控加工程序并进行图形模拟加工。

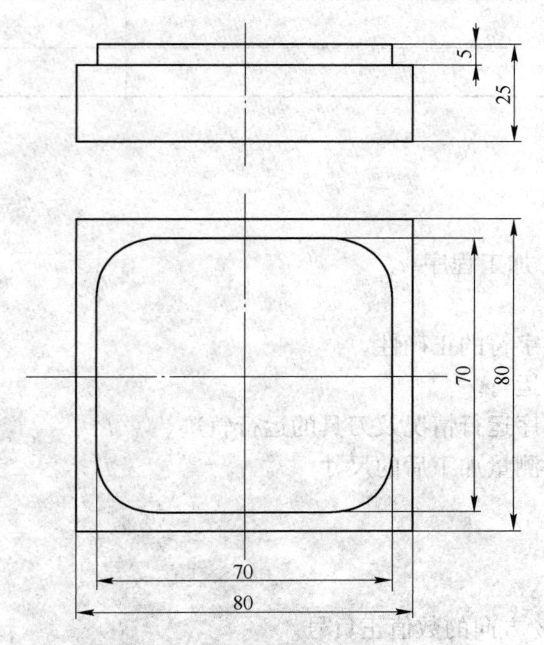

图 2-4-1 图形模拟

（2）数控加工程序卡。根据零件的加工工艺分析和所使用的数控铣床（加工中心）的编程指令说明，编写加工程序，填写程序卡（表2-4-1）。

表 2-4-1 加工程序卡

零件号		零件名称		编制日期	
程序号				编制人	
序号	程序内容			程序说明	

4.1.4 实训步骤

（1）开机。
（2）编写图 2-4-1 加工程序。
（3）程序输入。
（4）检验程序及各字符的正确性。
（5）模拟自动加工运行。
（6）观察机床的程序运行情况及刀具的运行轨迹。
（7）完成加工工件测量加工后的尺寸

4.1.5 注意事项

（1）编程注意事项：
1）编程时，注意 Z 方向的数值正负号。
2）认真计算圆弧连接点和各基点的坐标值，确保走刀正确。
（2）其他注意事项：

1）安全第一，必须在老师的指导下，严格按照数控铣床安全操作规程，有步骤地进行。

2）首次模拟可按控制面板上的“机床锁住”按钮，将机床锁住，看其图形模拟走刀轨迹是否正确，再关闭“机床锁住”进行刀具实际轨迹模拟。

表 2-4-2 为学生工作页。

表 2-4-2　学生工作页

实习班级________使用设备号________学生________

<table>
<tr><td>任务名称</td><td>外轮廓加工</td><td>实训时间</td><td></td></tr>
<tr><td>任务要求</td><td colspan="3">1. 掌握外轮廓的加工工艺
2. 学会正确选用外轮廓加工的刀具及合理的切削用量
3. 掌握外轮廓编程的基本方法，正确调用刀具参数进行刀具补偿</td></tr>
<tr><td>任务内容及步骤</td><td colspan="3">会编写下列零件图的程序，选用刀具加工并分粗加工、半精加工、精加工三个阶段进行
5　25　70　80　70　80
1. 加工工艺简单分析
2. 工艺规程及合理切削用量
<table>
<tr><td>刀具号</td><td>刀具规格</td><td>工序内容</td><td>F/mm · min⁻¹</td><td>ap/mm</td><td>n/r · min⁻¹</td></tr>
<tr><td></td><td></td><td></td><td></td><td></td><td></td></tr>
<tr><td></td><td></td><td></td><td></td><td></td><td></td></tr>
</table>
</td></tr>
</table>

续表 2-4-2

<table>
<tr><td>任务名称</td><td colspan="5">外轮廓加工</td><td>实训时间</td><td></td></tr>
<tr><td rowspan="13">任务内容及步骤</td><td colspan="7">3. 程序编写</td></tr>
<tr><td>零件号</td><td></td><td>零件名称</td><td></td><td>编制日期</td><td colspan="2"></td></tr>
<tr><td>程序号</td><td colspan="3"></td><td>编制人</td><td colspan="2"></td></tr>
<tr><td>序号</td><td colspan="3">程序内容</td><td colspan="3">程序说明</td></tr>
<tr><td></td><td colspan="3"></td><td colspan="3"></td></tr>
<tr><td></td><td colspan="3"></td><td colspan="3"></td></tr>
<tr><td></td><td colspan="3"></td><td colspan="3"></td></tr>
<tr><td></td><td colspan="3"></td><td colspan="3"></td></tr>
<tr><td></td><td colspan="3"></td><td colspan="3"></td></tr>
<tr><td></td><td colspan="3"></td><td colspan="3"></td></tr>
<tr><td></td><td colspan="3"></td><td colspan="3"></td></tr>
<tr><td></td><td colspan="3"></td><td colspan="3"></td></tr>
<tr><td></td><td colspan="3"></td><td colspan="3"></td></tr>
</table>

考核标准

<table>
<tr><td colspan="2">班级</td><td></td><td>姓名</td><td></td><td>学号</td><td></td><td>日期</td><td></td></tr>
<tr><td colspan="2">实训零件</td><td></td><td colspan="2">外轮廓加工训练</td><td></td><td></td><td>零件图号</td><td></td></tr>
<tr><td colspan="3" rowspan="8">基本
检查
编程
操作</td><td>序号</td><td colspan="2">检测项目</td><td>配分</td><td>学生自评分</td><td>教师评分</td></tr>
<tr><td>1</td><td colspan="2">切削加工工艺制定正确</td><td>5</td><td></td><td></td></tr>
<tr><td>2</td><td colspan="2">切削用量选择合理</td><td>5</td><td></td><td></td></tr>
<tr><td>3</td><td colspan="2">程序正确、简单、明确、规范</td><td>5</td><td></td><td></td></tr>
<tr><td>4</td><td colspan="2">设备操作、维护保养正确</td><td>5</td><td></td><td></td></tr>
<tr><td>5</td><td colspan="2">安全、文明生产</td><td>10</td><td></td><td></td></tr>
<tr><td>6</td><td colspan="2">刀具选择、安装正确、规范</td><td>5</td><td></td><td></td></tr>
<tr><td>7</td><td colspan="2">工件找正、安装正确、规范</td><td>5</td><td></td><td></td></tr>
<tr><td colspan="6">基本检查结果总计</td><td>40</td><td colspan="2"></td></tr>
<tr><td rowspan="7">尺寸
检测</td><td rowspan="2">序号</td><td rowspan="2">图样尺寸
/mm</td><td rowspan="2">公差/mm</td><td rowspan="2"></td><td rowspan="2">配分</td><td colspan="2">实测尺寸</td><td rowspan="2">分数</td></tr>
<tr><td>学生自测</td><td>教师检测</td></tr>
<tr><td>1</td><td>70×70</td><td>0
-0.04</td><td></td><td>20</td><td></td><td></td><td></td></tr>
<tr><td>2</td><td>高度 5</td><td></td><td></td><td>15</td><td></td><td></td><td></td></tr>
<tr><td>3</td><td>形状</td><td></td><td></td><td>15</td><td></td><td></td><td></td></tr>
<tr><td>4</td><td>表面粗糙度</td><td></td><td></td><td>10</td><td></td><td></td><td></td></tr>
<tr><td colspan="4">尺寸检查总计</td><td>60</td><td></td><td></td><td></td></tr>
<tr><td colspan="4">基本检查结果</td><td colspan="2">尺寸检查结果</td><td colspan="3">成绩</td></tr>
<tr><td colspan="4"></td><td colspan="2"></td><td colspan="3"></td></tr>
</table>

考核老师签名：　　　　　　　　　　　　　　　　考核时间：

4.2　内轮廓铣削的手工编程与操作

4.2.1　实训目的

（1）掌握轮廓加工的工艺分析和方法。
（2）掌握编程原点的选择原则。
（3）掌握程序校验的方法和步骤。

4.2.2　实训设备、材料及工具

（1）数控铣床。
（2）游标卡尺0~125mm，50~75mm外径千分尺，0~30mm深度尺。
（3）键槽铣刀、立铣刀。
（4）零件毛坯。

4.2.3　实训内容

加工零件如图2-4-2所示。

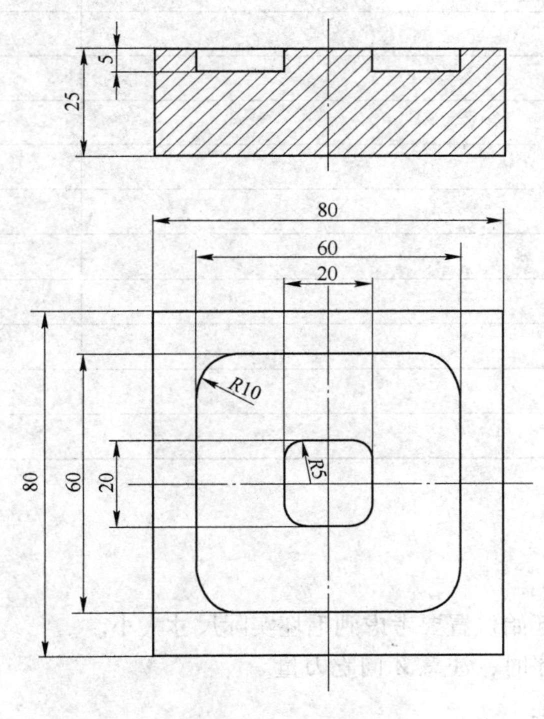

图2-4-2　加工零件

4.2.4　实训步骤

（1）分析工件图样，选择定位基准和加工方法，确定走刀路线、选择刀具和装夹方法，确定切削用量参数。

（2）数控加工程序卡。根据零件的加工工艺分析和所使用的数控铣床的编程指令说明，编写加工程序，填写程序卡（表 2-4-3）。

表 2-4-3　铣削加工程序卡

零件号		零件名称		编制日期	
程序号				编制人	
序号	程序内容			程序说明	

4.2.5　注意事项

（1）编程注意事项：

1）程序中的刀具起始位置要考虑到毛坯实际尺寸大小。

2）在编写端面程序时，注意 Z 向吃刀量。

（2）其他注意事项：

1）必须确认工件夹紧、程序正确后才能自动加工，严禁工件转动时测量、触摸工件。

2）操作中出现工件跳动、打抖、异常声音等情况时，必须立即停车处理。

3）加工零件过程中一定要提高警惕，将手放在“急停”按钮上，如遇到紧急情况，迅速按下“急停”按钮，防止意外事故发生。

4）采用课堂讲述的精度控制方法进行精度控制。

表2-4-4为学生工作页。

表2-4-4 学生工作页

实习班级________使用设备号________学生________

<table>
<tr><td>任务名称</td><td>内轮廓加工</td><td>实训时间</td><td></td></tr>
<tr><td>任务要求</td><td colspan="3">1. 掌握内轮廓的基本加工工艺
2. 学会正确选用内轮廓加工的刀具及合理的切削用量
3. 掌握内轮廓编程的基本方法，正确调用刀具参数进行刀具补偿</td></tr>
<tr><td>任务内容及步骤</td><td colspan="3">会编写下列零件图的程序，选用刀具加工并分粗加工、半精加工、精加工三个阶段进行
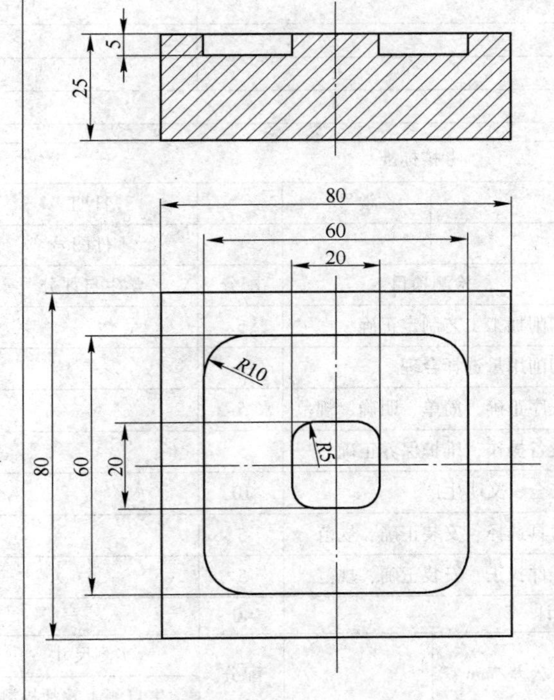

1. 加工工艺简单分析

2. 工艺规程及合理切削用量
<table><tr><td>刀具号</td><td>刀具规格</td><td>工序内容</td><td>$F/\mathrm{mm\cdot min^{-1}}$</td><td>$ap/\mathrm{mm}$</td><td>$n/\mathrm{r\cdot min^{-1}}$</td></tr><tr><td></td><td></td><td></td><td></td><td></td><td></td></tr><tr><td></td><td></td><td></td><td></td><td></td><td></td></tr><tr><td></td><td></td><td></td><td></td><td></td><td></td></tr></table></td></tr>
</table>

续表 2-4-4

任务名称	内轮廓加工	实训时间	
任务内容及步骤	3. 程序编写 铣削加工程序卡		

零件号		零件名称		编制日期	
程序号				编制人	
序号	程序内容			程序说明	

考核标准

班级		姓名		学号		日期	
实训零件		外轮廓加工训练				零件图号	
基本检查编程操作		序号	检测项目		配分	学生自评分	教师评分
		1	切削加工工艺制定正确		5		
		2	切削用量选择合理		5		
		3	程序正确、简单、明确、规范		5		
		4	设备操作、维护保养正确		5		
		5	安全、文明生产		10		
		6	刀具选择、安装正确、规范		5		
		7	工件找正、安装正确、规范		5		
基本检查结果总计					40		

	序号	图样尺寸/mm	公差/mm		配分	实测尺寸		分数
						学生自测	教师检测	
尺寸检测	1	60×60	+0.04 0		15			
	2	20×20			15			
	3	高度 5			10			
	4	形状			15			
		表面粗糙度			5			
尺寸检查总计					60			

基本检查结果	尺寸检查结果	成绩

考核老师签名：　　　　　　　　　　　　考核时间：

4.3　孔类零件加工的手工编程与操作

4.3.1　实训目的

(1) 培养学生根据简单类零件图进行多把刀具综合加工编程的能力。

(2) 了解孔类零件数控加工的基本工艺过程。

(3) 掌握 G81、G83、G80、G43/G44、G84 指令的编程方法。

(4) 熟悉平口钳、游标卡尺、深度尺及刀具装卸的使用方法。

4.3.2　实训条件

数控机床、键槽铣刀、麻花钻、游标卡尺、深度尺、平口钳。

4.3.3　实训内容

零件如图 2-4-3 所示，要求只加工孔，材料为 Q235。按照数控工艺要求，分析加工工艺及编写加工程序。

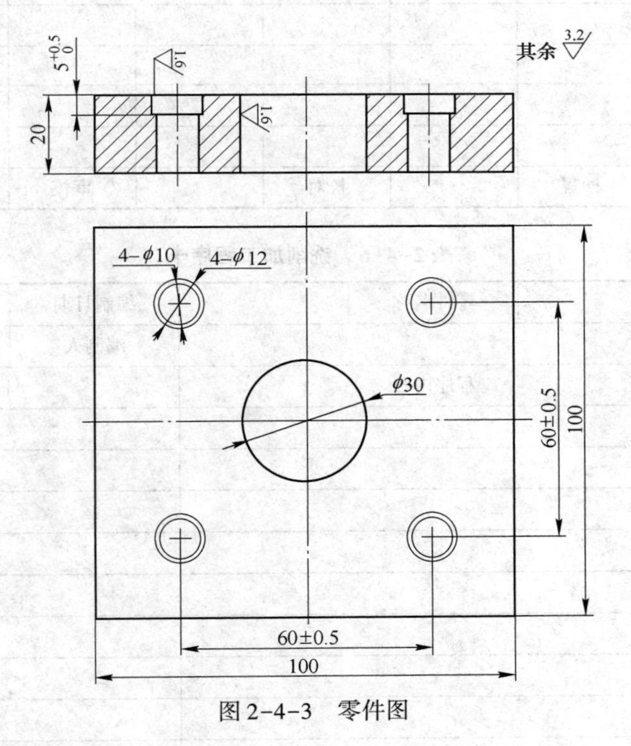

图 2-4-3　零件图

4.3.4　实训的具体步骤

(1) 工艺分析：

1) 刀具的选择。选用中心钻，φ10mm 的麻花钻，φ12mm 和 φ18mm 的键槽铣刀。

2) 零件装夹方案的确定。需要加工的零件比较规则，采用平口钳夹持。

3) 加工工序安排。零件图主要包括孔类的加工，采取多把刀具应用长度补偿加工零件，以工件顶面中心为工件原点，根据零件图拟定加工工序为：

①选用中心钻对 5 个孔进行点孔；

②选用 ϕ10mm 的麻花钻钻削 4 个孔及中间的预孔；

③选用 ϕ12mm 的键槽铣刀铣削 4 个深 5mm 的孔；

④选用 ϕ18mm 的键槽铣刀粗精铣削中间 ϕ30mm 的孔。

（2）数控加工工序卡见表 2-4-5 及表 2-4-6。

表 2-4-5　数控加工工序卡

工厂名称		产品及型号	零件名称	零件图号	材料名称	材料牌号	第　页	共　页
					钢	Q235		
工序号	工序名称	程序编号	夹具名称	夹具编号	设备名称	设备型号	设备规格	加工车间
			平口钳	01	数控铣床			实训中心
工步号	工步内容	刀具名称	刀具号	主轴转速 /r · min^{-1}	进给量 /mm · min^{-1}	背吃刀量 /mm	备注	
编制		抄写		校对		审核		批准

表 2-4-6　铣削加工程序卡

零件号		零件名称		编制日期	
程序号				编制人	
序号	程序内容			程序说明	

表 2-4-7 为学生工作页。

表 2-4-7　学生工作页

实习班级________使用设备号________学生________

任务名称	钻孔	实训时间	
任务要求	1. 掌握钻孔的加工工艺 2. 学会正确选用钻孔的刀具、加工，合理选择切削用量 3. 熟练运用孔加工固定循环指令编程		
任务内容及步骤	按图纸要求，用 G81/G83/加工孔 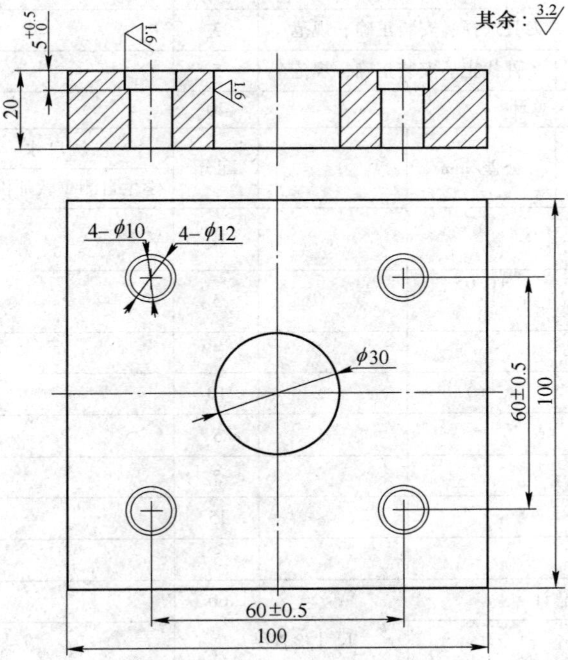 其余：3.2 $5^{+0.5}_{0}$　1.6　20　1.6 4-ϕ10　4-ϕ12　ϕ30　60±0.5　100　60±0.5　100 1. 加工工艺简单分析 2. 工艺规程及切削用量 3. 程序编写（用 G81/G83 编程）		

2. 工艺规程及切削用量

刀具号	刀具规格	工序内容	F/mm · min^{-1}	ap/mm	n/r · min^{-1}

续表 2-4-7

任务名称	钻孔	实训时间	

考核标准

班级		姓名		学号		日期	
实训零件		外轮廓加工训练				零件图号	

	序号	检测项目	配分	学生自评分	教师评分
基本检查编程操作	1	切削加工工艺制定正确	5		
	2	切削用量选择合理	5		
	3	程序正确、简单、明确、规范	5		
	4	设备操作、维护保养正确	5		
	5	安全、文明生产	10		
	6	刀具选择、安装正确、规范	5		
	7	工件找正、安装正确、规范	5		
基本检查结果总计			40		

	序号	图样尺寸/mm	公差/mm		配分	实测尺寸 学生自测	实测尺寸 教师检测	分数
尺寸检测	1	孔距 60×60			10			
	2	孔深 5	+0.05 0		5			
	3	孔深 20			5			
		直径 30			10			
		直径 10			5			
		直径 12			5			
	4	形状			15			
	5	表面粗糙度			5			
尺寸检查总计					60			

基本检查结果	尺寸检查结果	成绩

考核老师签名：　　　　　　　　考核时间：

项目5　数控铣床2D零件的软件编程与加工

5.1　CAXA制造工程师二维图的绘制

5.1.1　CAXA制造工程师的用户界面和主要菜单

（1）主菜单。主菜单是用户界面最上方的菜单条，主菜单包括文件、编辑、显示、造型、加工、通信、工具、设置和帮助8个菜单项，如图2-5-1所示，每个菜单项都含有若干个下拉菜单。单击菜单条中的任意一个菜单项，都会弹出一个下拉式菜单，指向某一个菜单项会弹出其子菜单。菜单条与子菜单构成了下拉菜单。

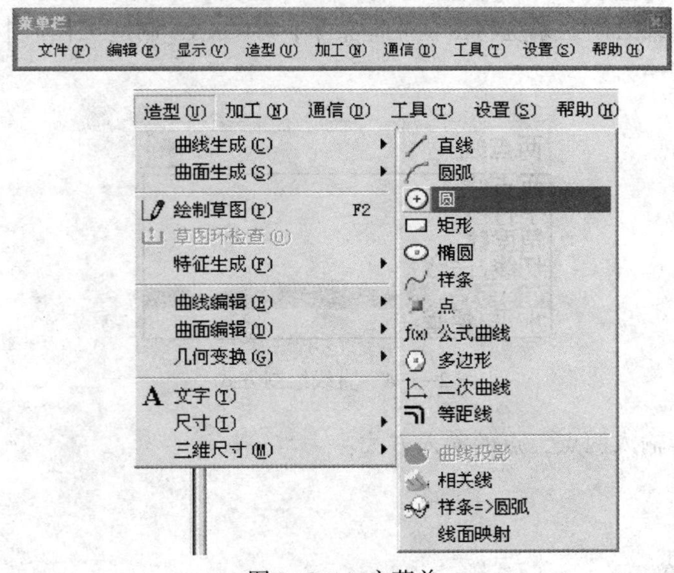

图2-5-1　主菜单

（2）立即菜单。立即菜单描述了当前命令执行的各种情况和使用条件。用户根据作图需要，正确地设置选项，便可以快速方便地完成绘图任务。如图2-5-2所示为典型的立即菜单和其中的选项。

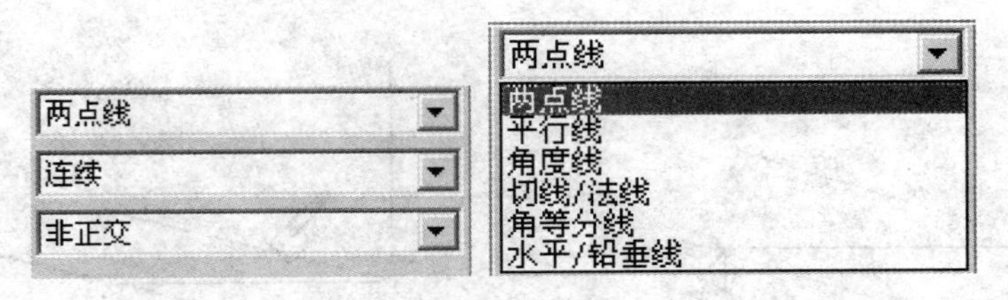

图2-5-2　立即菜单

（3）工具栏。在工具栏中，各应用功能通过在相应的按钮上单击鼠标左键进行操作。各项工具栏可以自定义，界面上包括标准工具、显示工具、状态工具、曲线工具、几何变换、线面编辑、曲面工具、特征工具等几种常用的工具栏。工具栏中每一个按钮都对应一个菜单命令，单击按钮和选择菜单命令效果是完全一样的。如图 2-5-3 所示为两个常用工具栏。

图 2-5-3　常用工具栏

5.1.2　直线的绘制

在菜单上选择【造型】→【曲线生成】→【直线】或者在曲线工具条上选择【直线】图标，开始直线绘制，系统将出现立即菜单，在 CAXA 制造工程师中提供了 6 种直线绘制方式（图 2-5-4）。

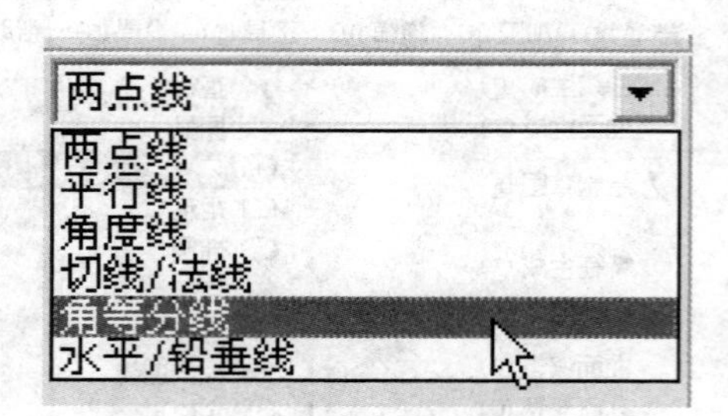

图 2-5-4　直线绘制方式

（1）两点线。输入两点，点的输入方式：

1）键盘输入；

2）鼠标输入；

3）工具点输入。

（2）平行线：

1）选择基准直线；

2）输入距离或者点；

3）输入平行的方向（输入距离时才要）（图 2-5-5）。

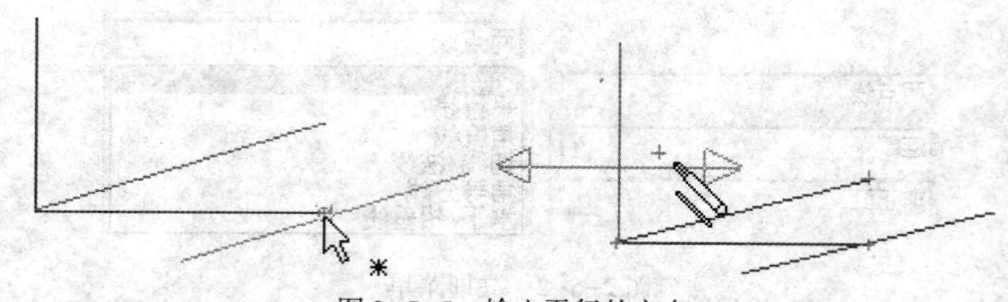

图 2-5-5　输入平行的方向

（3）角度线：

1）坐标轴夹角（图2-5-6）。

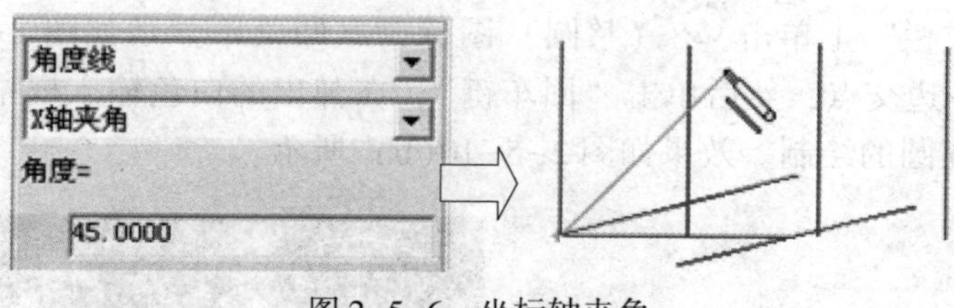

图2-5-6　坐标轴夹角

2）直线夹角（图2-5-7）。

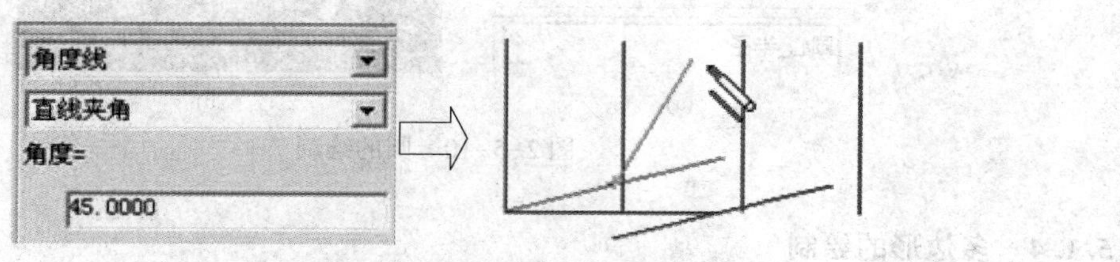

图2-5-7　直线夹角

（4）切线的绘制如图2-5-8所示。其中切点的捕捉要用到点的工具即需要输入特征点时，只要按下空格键，即在屏幕上弹出点工具菜单（图2-5-9）。

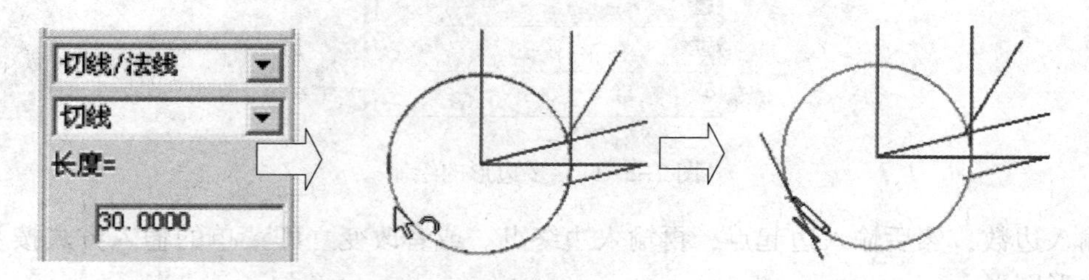

图2-5-8　切线的绘制

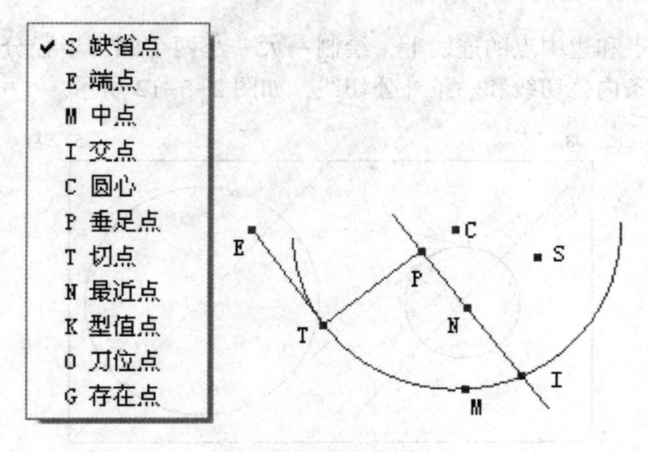

图2-5-9　点工具菜单

5.1.3 圆的绘制

在“曲线生成栏”上单击（整圆）图标，立即菜单显示如图 2-5-10(a) 所示，鼠标单击绘图区左边交点，然后单击“回车键”，在弹出的白色输入框中输入半径值，然后回车，完成 $\phi 50$ 圆的绘制。效果如图 2-5-10(b) 所示。

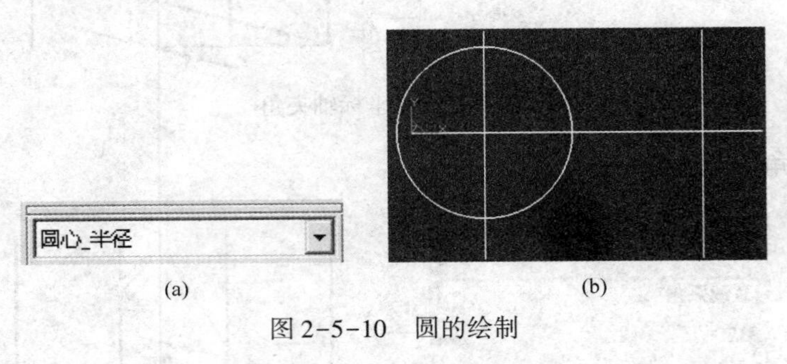

图 2-5-10 圆的绘制

5.1.4 多边形的绘制

在“曲线生成栏”上单击（多边形）图标，立即菜单显示如图 2-5-11 所示。

图 2-5-11 多边形的绘制

输入边数，然后输入边起点，再输入边终点。或者改变立即菜单的输入方式按步骤画出多边形图形。

5.1.5 绘制一个二维图

在连接矩形顶点和边中点的连线上，绘制一大一小两个圆，半径分别为 20 和 10，然后作这两个圆的一条内公切线和一条外公切线，如图 2-5-12 所示。

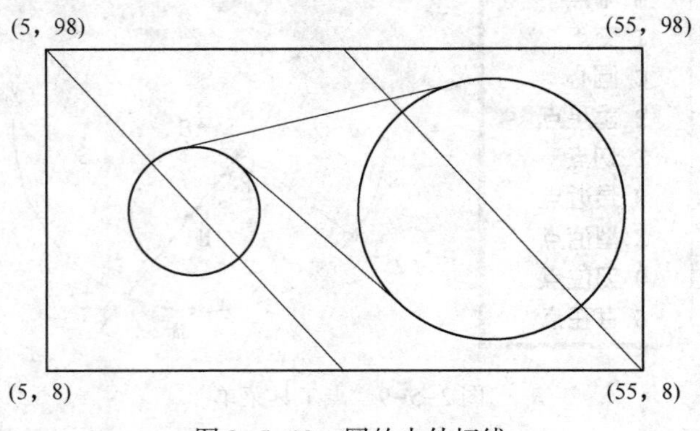

图 2-5-12 圆的内外切线

5.2　CAXA 制造工程师 2D 加工路线的生成及程序的传输

5.2.1　平面区域粗加工

（1）鼠标放置于刀具轨迹区，然后点右键弹出如图 2-5-13 所示界面。

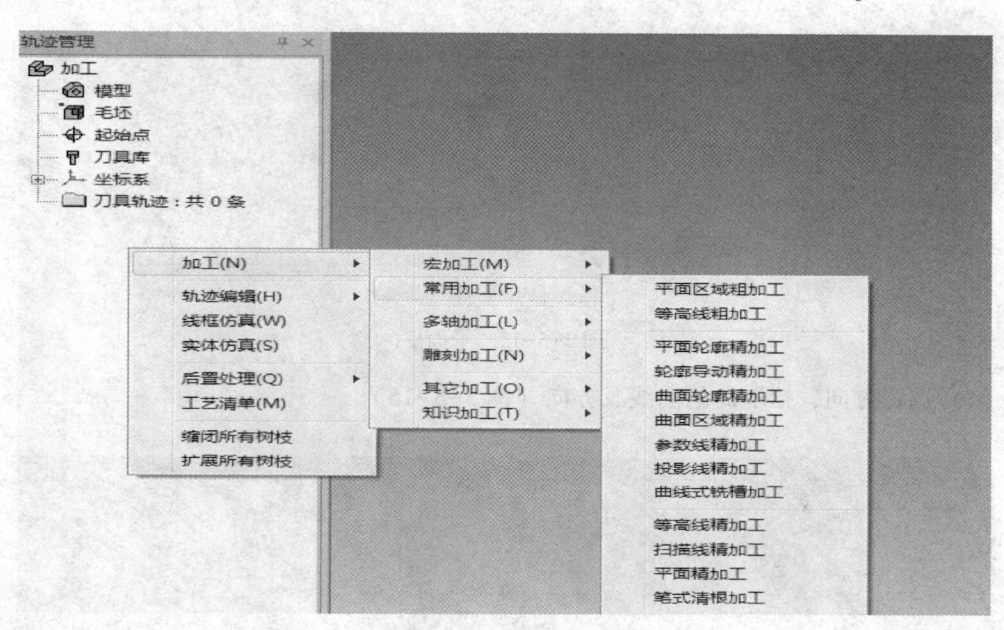

图 2-5-13　界面一

（2）点平面区域粗加工，弹出如图 2-5-14 所示界面。

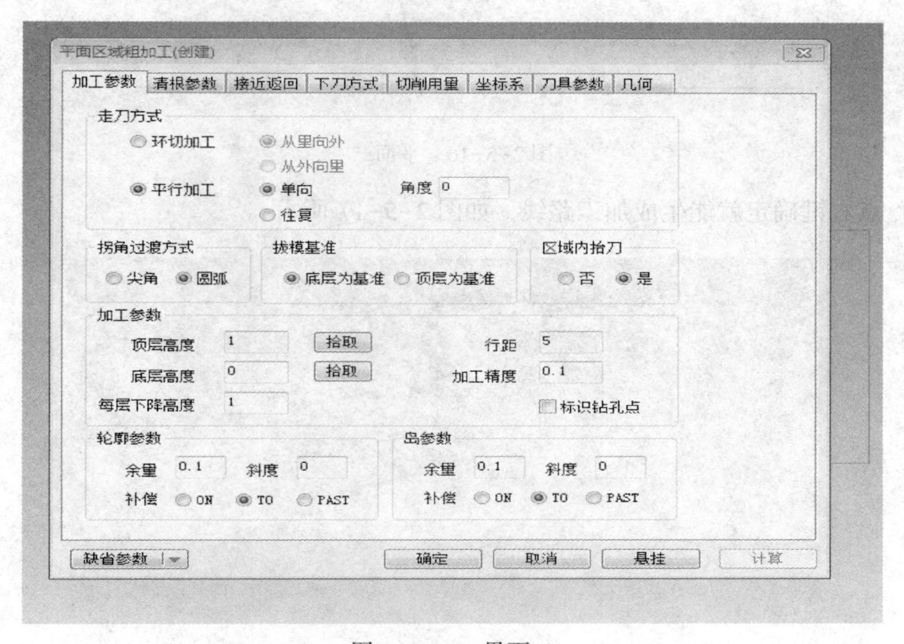

图 2-5-14　界面二

（3）设置各项参数后点“确定”，拾取轮廓线（图 2-5-15）。

图 2-5-15　平面一

（4）选定方向，拾取岛屿曲线及方向（图 2-5-16）。

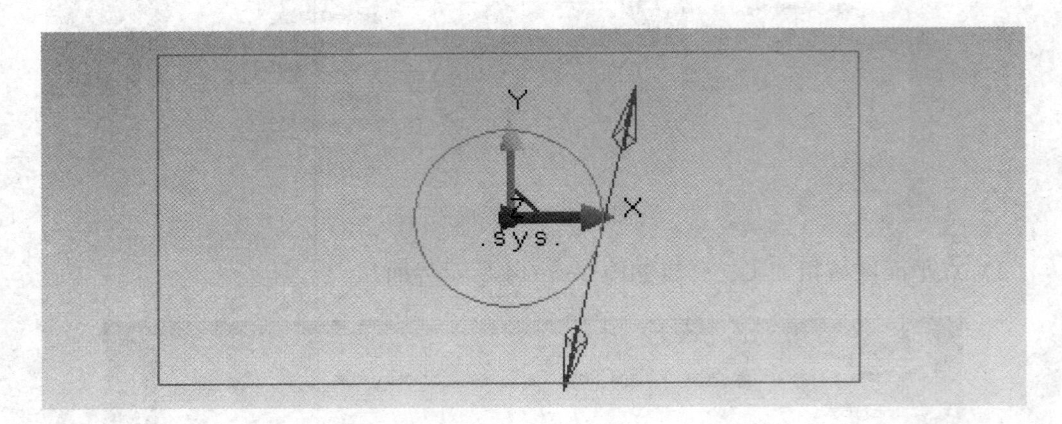

图 2-5-16　平面二

（5）点右键确定就能生成加工路线，如图 2-5-17 所示。

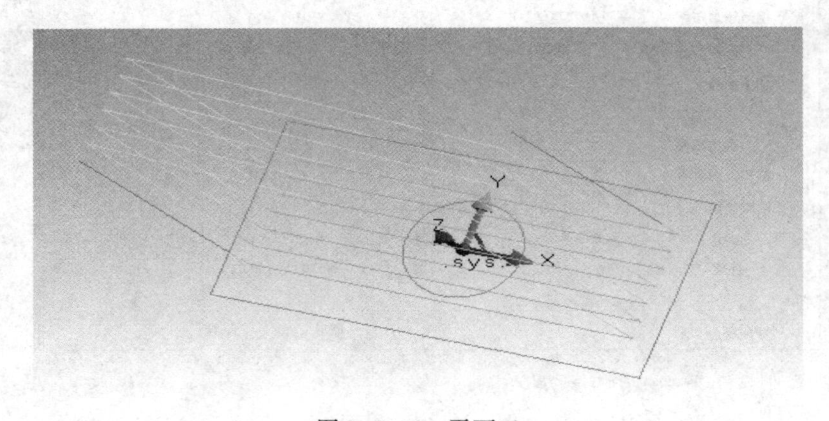

图 2-5-17　平面三

5.2.2　平面轮廓精加工

（1）同平面区域粗加工第一步。

（2）点平面轮廓精加工出现如图 2-5-18 所示界面。

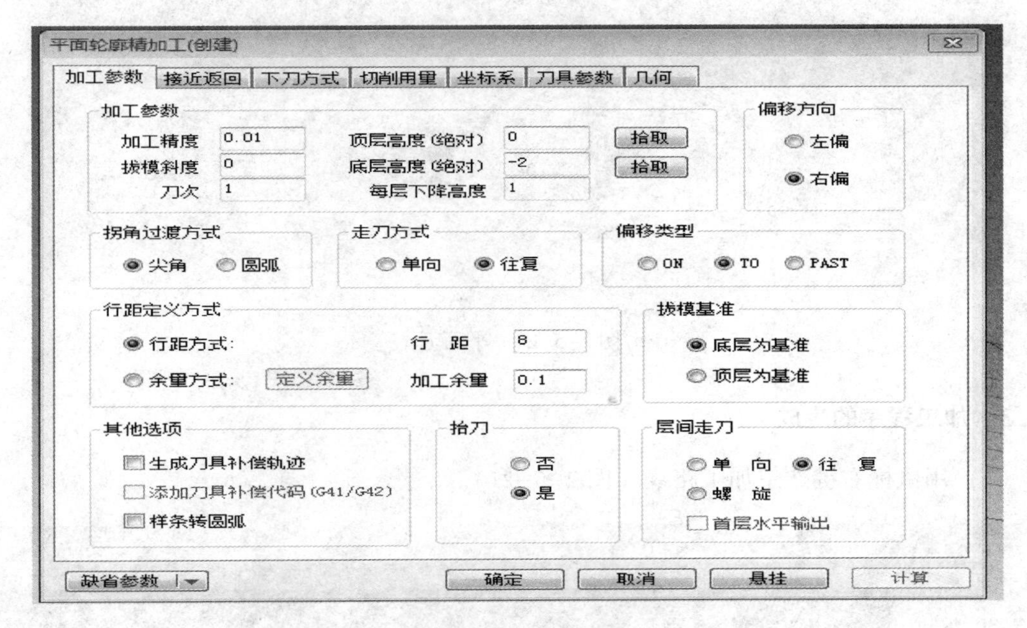

图 2-5-18　界面三

（3）设置各项参数。点“确定”后拾取轮廓线（图 2-5-19）。

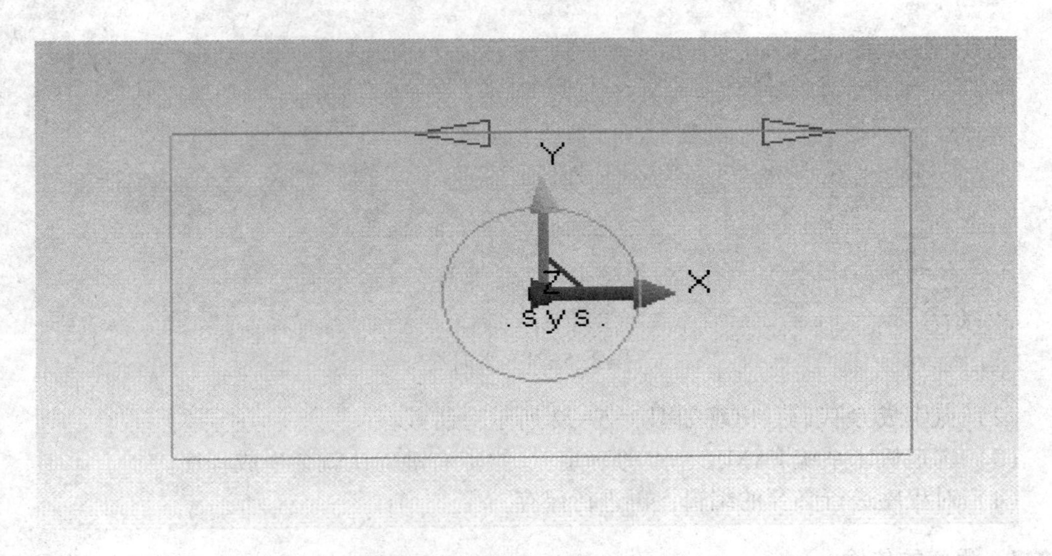

图 2-5-19　平面四

选定方向后，点右键确定。

（4）用鼠标或点输入坐标点选定进刀点、退刀点（不选就点右键跳过），就能生成平面轮廓精加工路线（图 2-5-20）。

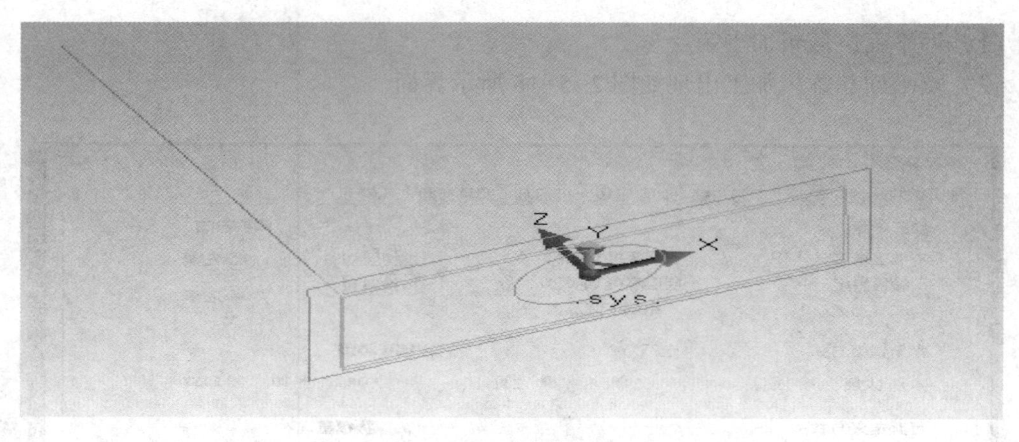

图 2-5-20　平面五

5.2.3　加工程序的生成

（1）用鼠标右键选定加工路线（图 2-5-21）。

图 2-5-21　平面六

（2）点生成 G 代码，出现如图 2-5-22 所示对话框。

（3）选定机床系统 FANUC，点“确定”，再点右键确认就会生成程序。

（4）对程序进行必要的编辑，再进行保存。

5.2.4　程序的传输

（1）机床的准备。按“编辑”方式下，进入“程序”界面。按向右扩展键，点“输入出”软键，点“输入”软键，再按“执行”软键（图 2-5-23）。

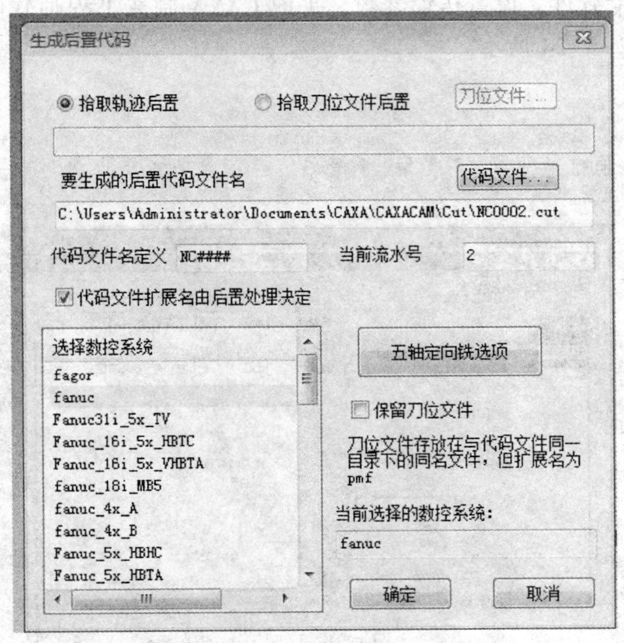

图 2-5-22　界面四

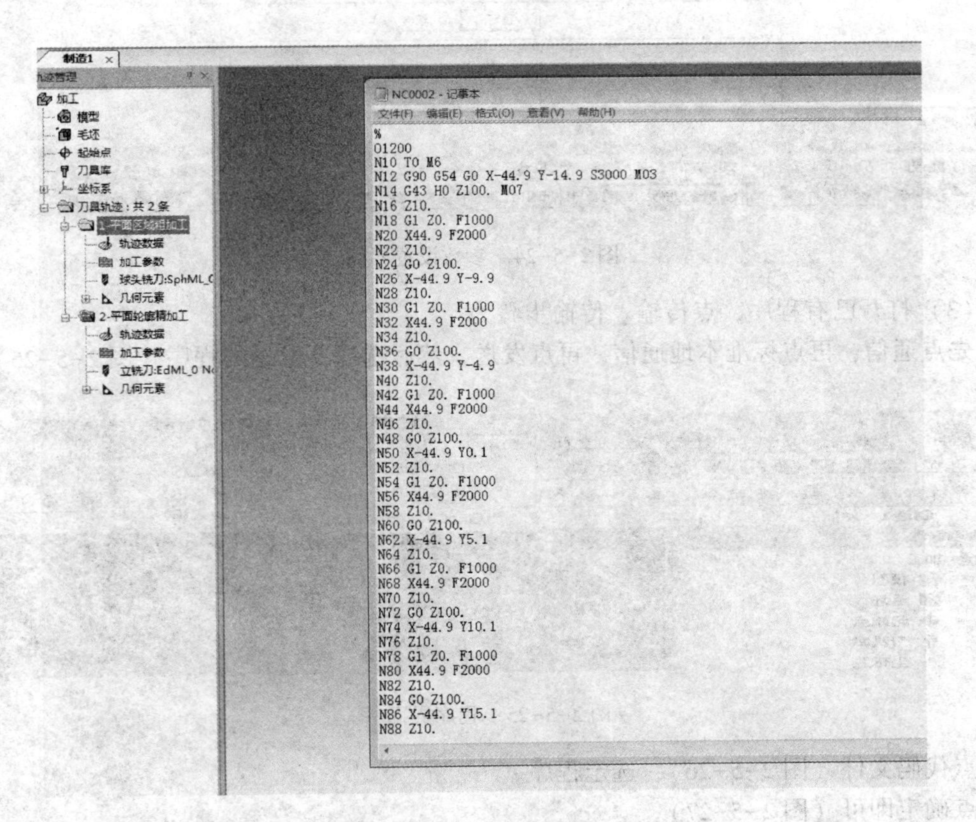

图 2-5-23　界面五

（2）准备好传输软件，设置传输参数。采取 CAXA 制造工程师软件本身来进行传输。参数设置界面如图 2-5-24 所示。

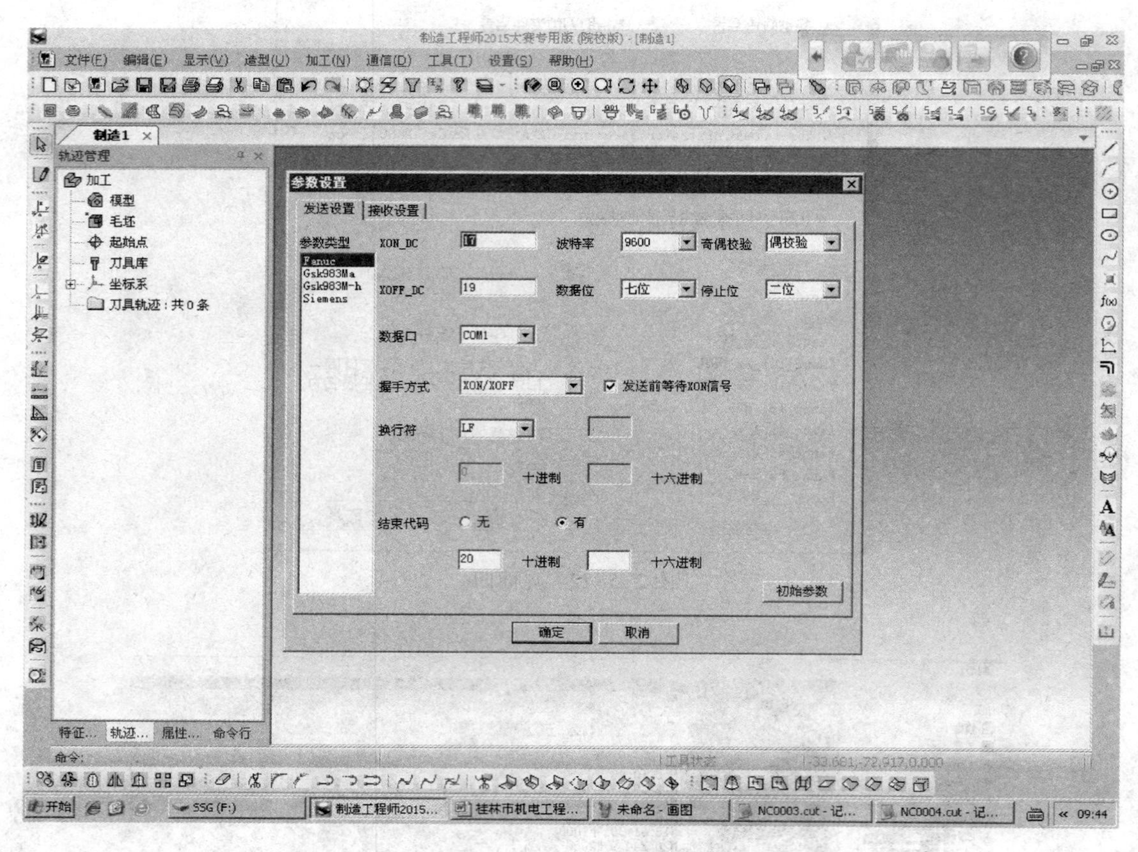

图 2-5-24　参数设置界面

（3）打开已有程序，点传输。传输步骤为：

先点通信，再点标准本地通信，再点发送，然后选择要发送的程序（图 2-5-25）。

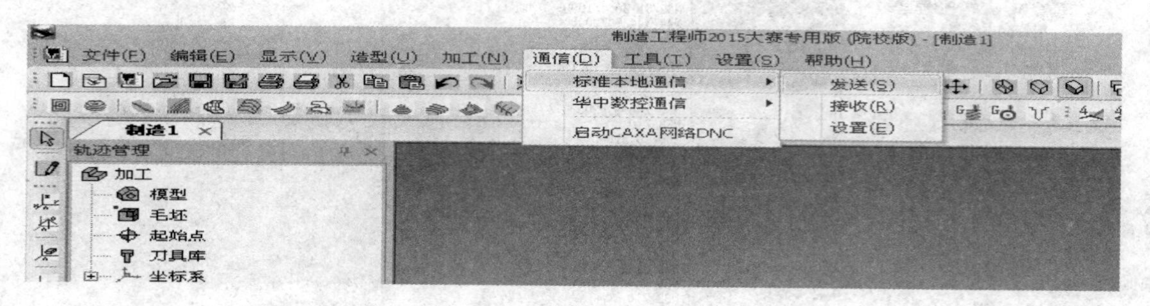

图 2-5-25　程序界面一

点代码文件（图 2-5-26），选定程序。

点确定即可（图 2-5-27）。

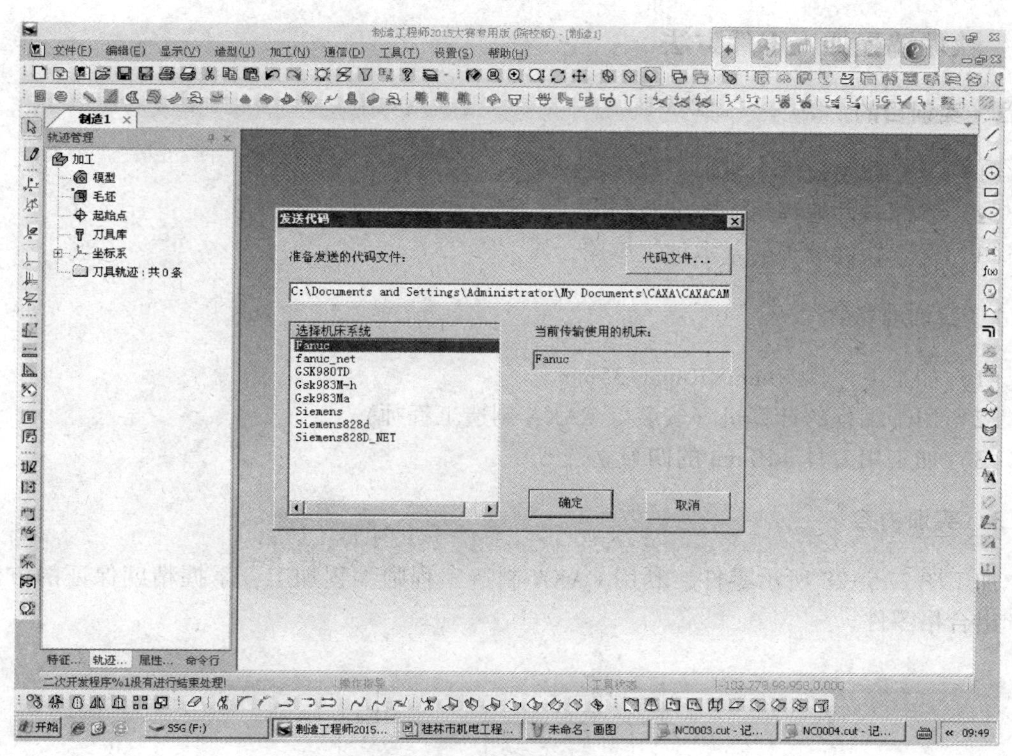

图2-5-26 程序界面二

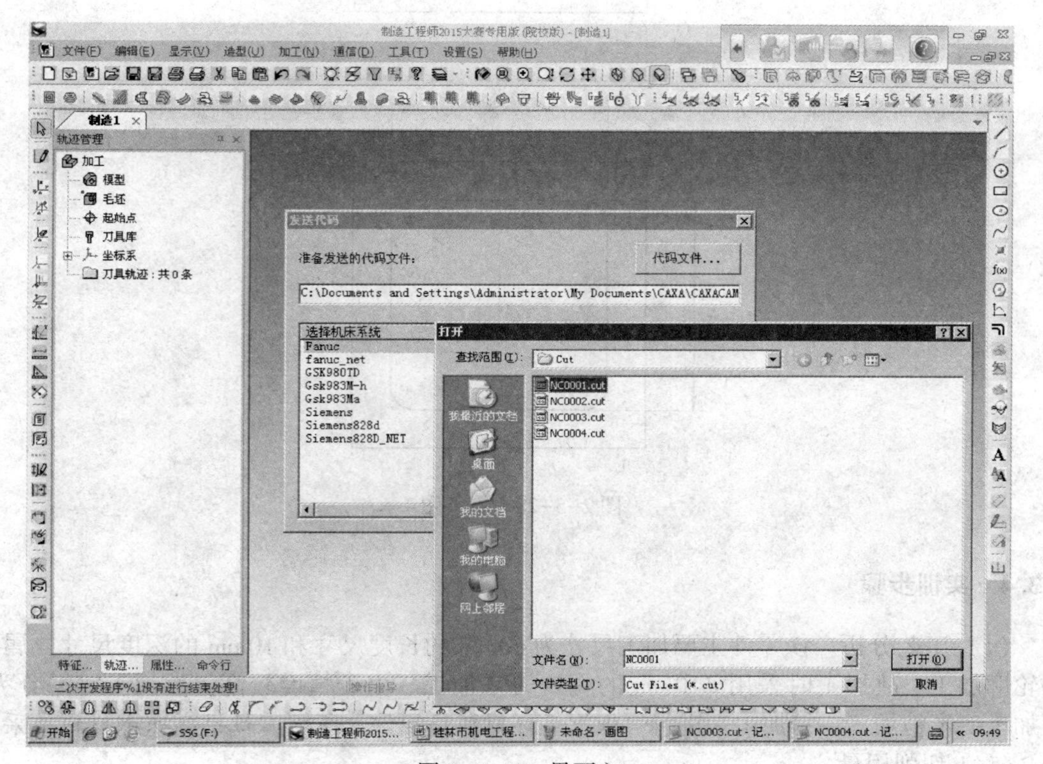

图2-5-27 界面六

5.3　软件编程加工零件方法

5.3.1　实训目的

（1）学会利用软件生成加工程序的方法。

（2）掌握软件编程时的精度控制方法。

（3）学会软件编程的基本加工思路。

5.3.2　实训准备

（1）加工毛坯件 70mm×70mm×35mm。

（2）用于编程的计算机（安装好 CAXA 制造工程师）。

（3）加工用刀具 ϕ10mm 的四刃立铣刀。

5.3.3　实训内容

加工图 2-5-28 所示零件，利用 CAXA 制造工程师编程加工，掌握精度保证的方法，生产出合格零件。

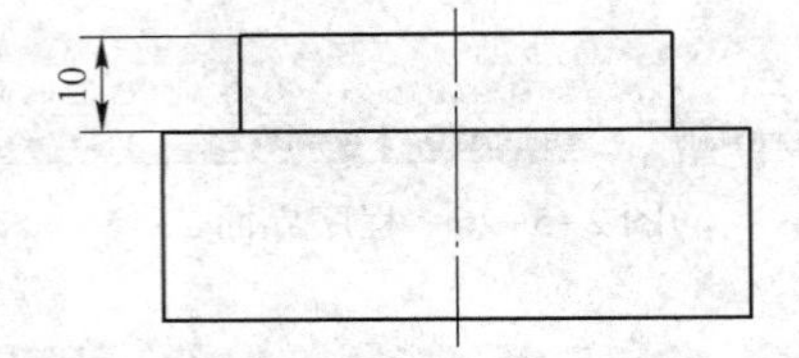

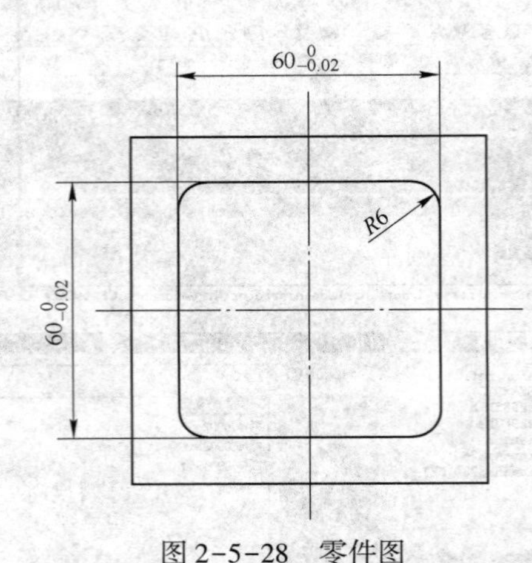

图 2-5-28　零件图

5.3.4　实训步骤

（1）工艺分析。该零件主要加工尺寸为 60mm 的长度尺寸和 10mm 的深度尺寸，属于外轮廓加工。故加工时采用 ϕ10mm 的立铣刀来加工。由于精度较高，故加工时需分为：粗加工—半精加工—精加工来进行。根据毛坯材料是铝件，所用刀具是高速钢材料，采用表 2-5-1 切削用量。

表 2-5-1　切削用量

加工阶段	切削深度 a_p/mm	切削速度 v/r · min^{-1}	进给量 f/mm · min^{-1}
粗加工阶段	全刀具切削	1500	300
半精加工阶段	0.3	1500	100
精加工阶段	0.2	2000	100

（2）绘制加工轮廓图形（图 2-5-29）。

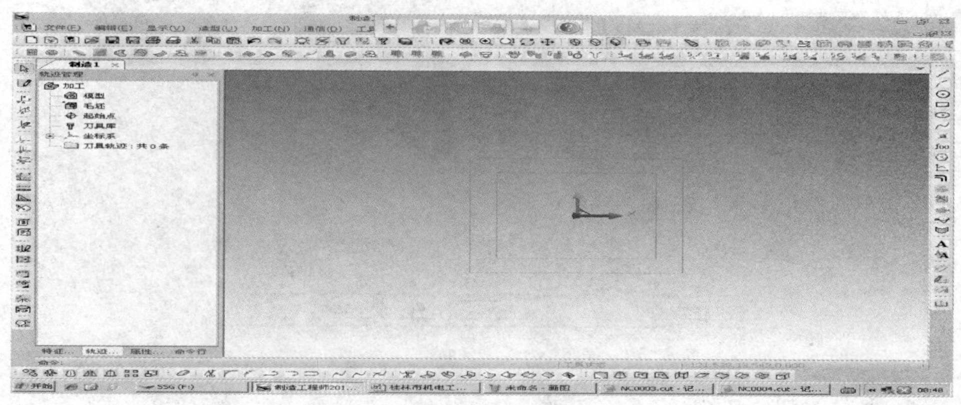

图 2-5-29　加工轮廓

（3）生成刀具粗加工轨迹路线。

1）设置加工参数（图 2-5-30）

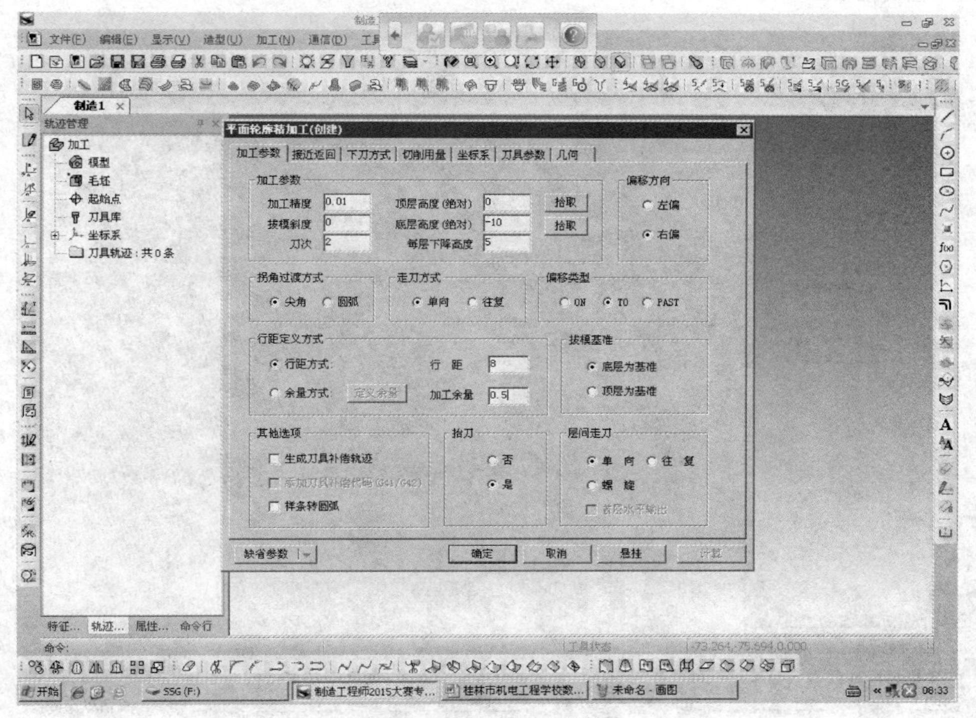

图 2-5-30　设置加工参数

2）设置切削用量（图 2-5-31）

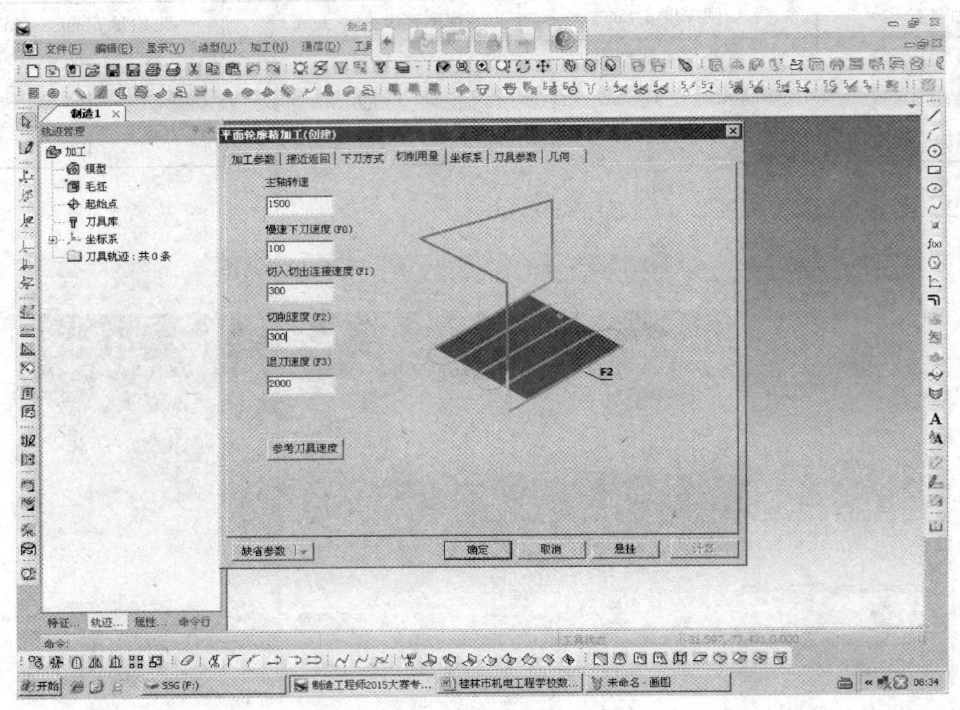

图 2-5-31　切削用量加工

3）生成粗加工刀具轨迹（图 2-5-32）。

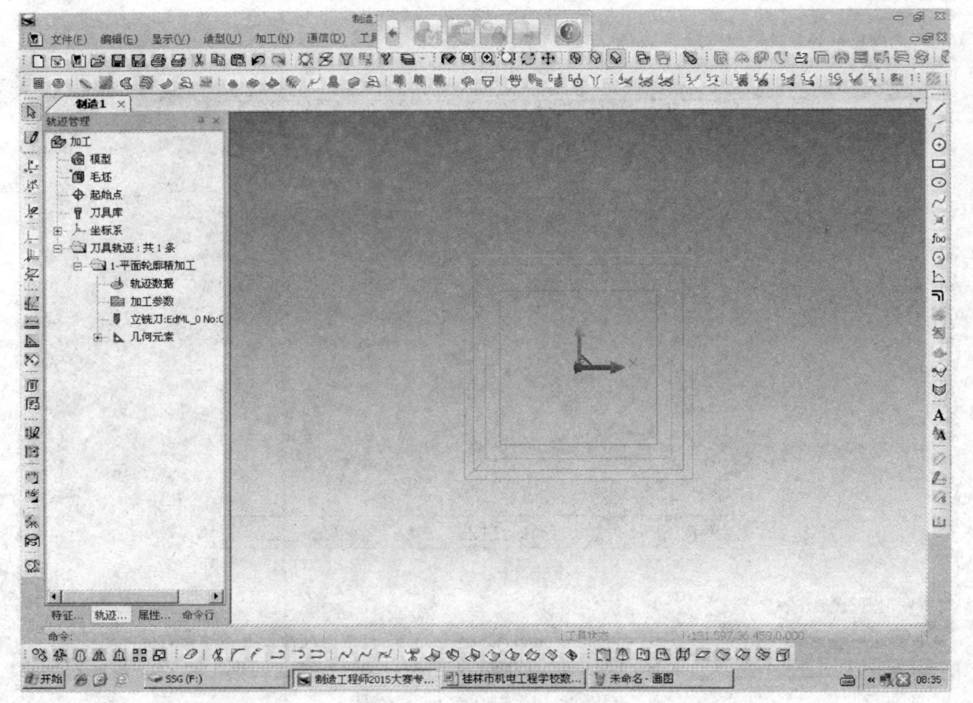

图 2-5-32　刀具轨迹

（4）生成加工程序。点击鼠标右键生成加工程序（图 2-5-33、图 2-5-34）。

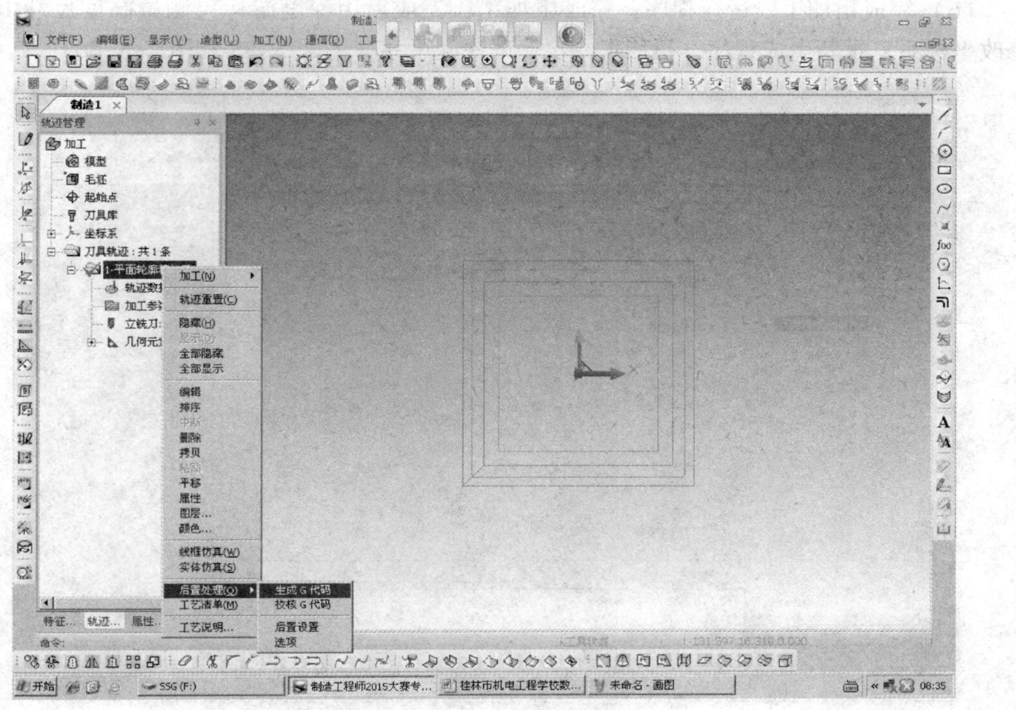

图 2-5-33　生成加工程序

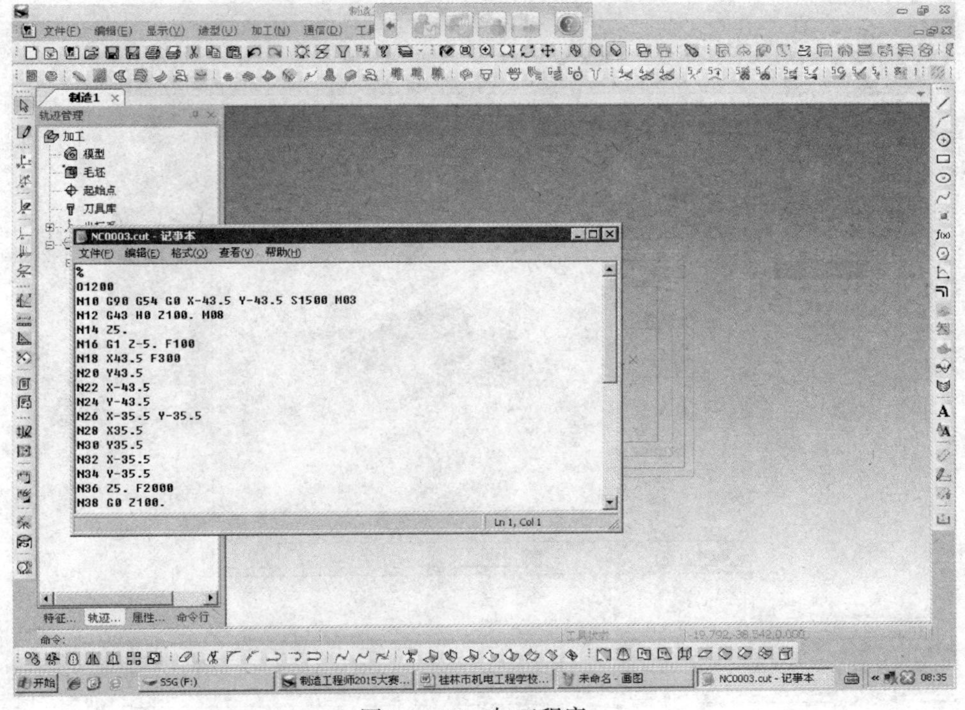

图 2-5-34　加工程序一

（5）程序传输进机床。按照传输步骤把生成的程序传进机床。

（6）完成粗加工。运行程序，完成粗加工，完成后用深度游标尺测量高度尺寸 10mm。修改坐标系，重新生成程序，粗加工一次保证深度尺寸（图 2-5-35 和图 2-5-36）。

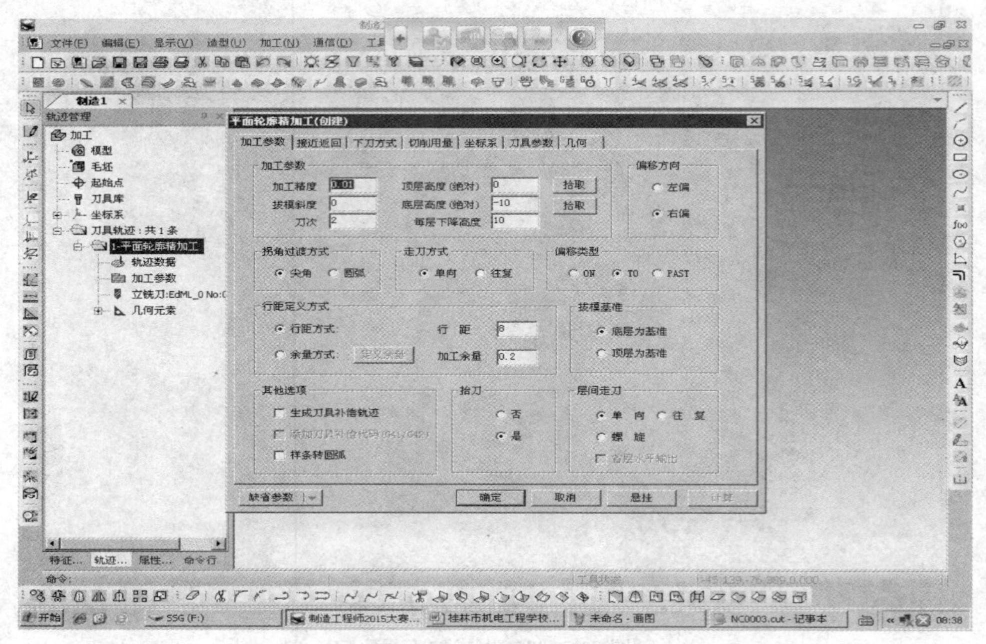

图 2-5-35　加工程序二

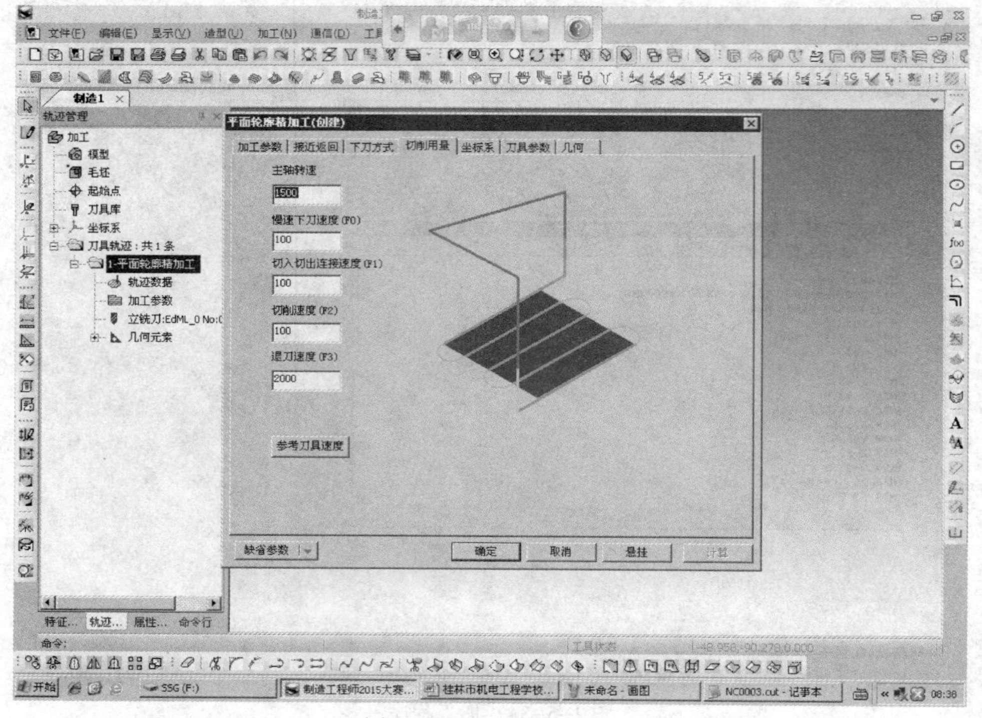

图 2-5-36　加工程序三

（7）生成刀具半精加工轨迹路线。生成半精加工程序，完成半精加工。

（8）完成精加工。首先对半精加工的工件进行测量，修改刀具尺寸，保证加工精度。比如半精加工手测得尺寸为 60.45mm（理论尺寸应为 60.40mm），则比理论值大了 0.05mm，就要把刀具尺寸修改为 9.95mm（图 2-5-37）。

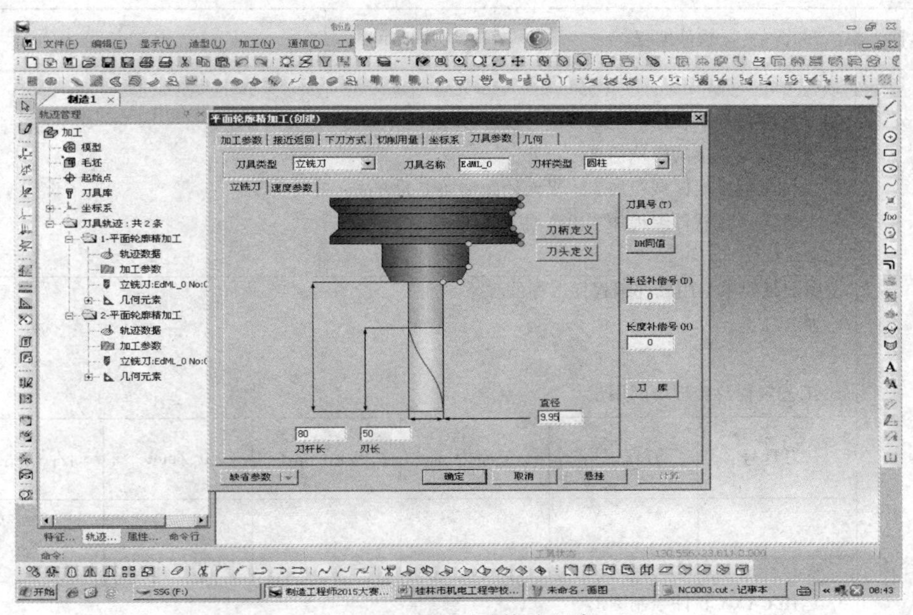

图 2-5-37　尺寸修改程序

生成精加工程序（图 2-5-38）。

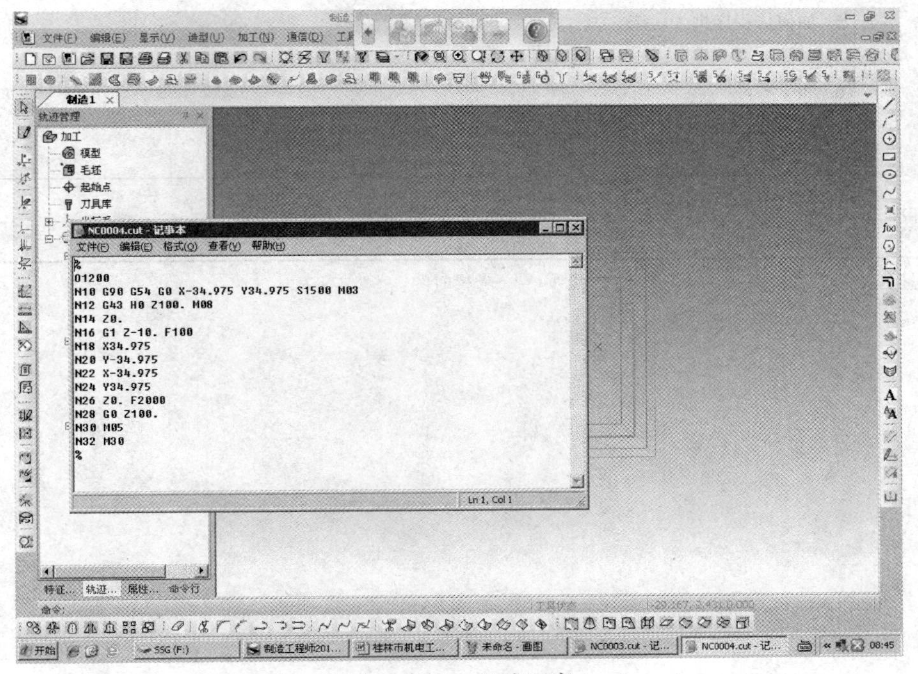

图 2-5-38　生成程序

加工完成后，进行最终测量。尺寸合格则加工完成，不合格继续修改刀具尺寸。

表 2-5-2 为学生工作页。

表 2-5-2　学生工作页

实习班级________使用设备号________学生________

<table>
<tr><td>任务名称</td><td>软件编程</td><td>实训时间</td><td></td></tr>
<tr><td>任务要求</td><td colspan="3">1. 学习零件加工程序的生成方法与模拟方法
2. 掌握加工轨迹的模拟仿真
3. 熟练掌握平面区域粗加工、平面轮廓精加工的方法
4. 能熟练运用软件编程加工出合格工件</td></tr>
<tr><td>任务内容及步骤</td><td colspan="3">按照图纸要求，用软件编程加工零件
1. 加工工艺

2. 工艺规程及合理切削用量
<table>
<tr><td>刀具号</td><td>刀具规格</td><td>工序内容</td><td>F/mm · min^{-1}</td><td>a_p/mm</td><td>n/r · min^{-1}</td></tr>
<tr><td></td><td></td><td></td><td></td><td></td><td></td></tr>
</table>
3. 运用 CAXA 软件绘制图形

4. 采用平面区域粗加工/平面轮廓精加工的方法设置各个参数并生成程序

5. 如何传程序进入机床

6. 加工零件</td></tr>
<tr><td>考核标准</td><td colspan="3"></td></tr>
</table>

考核老师签名：　　　　　　　　　　　　考核时间：

项目6 数控铣床的综合加工

6.1 综合零件加工一

6.1.1 实训目的与要求

（1）训练综合零件加工工艺的制定。
（2）综合零件加工的准备和程序编制。
（3）综合零件加工的数控操作及零件试切。
（4）训练提高零件加工精度的方法。

6.1.2 实训条件

准备材料：毛坯块75mm×75mm×30mm，45钢。
做好刀具的选择、机床编程的准备。
准备好游标卡尺、千分尺、高度游标尺、内径千分尺。

6.1.3 实训内容

（1）工艺分析：

1）零件几何特点。该零件由方凸台、梅花型腔、阶梯孔、四个均布孔组成，其几何形状为平面二维图形，方凸台、梅花型腔、阶梯孔精度等级均在IT7～IT8，表面粗糙度为1.6μm（图2-6-1和图2-6-2）。

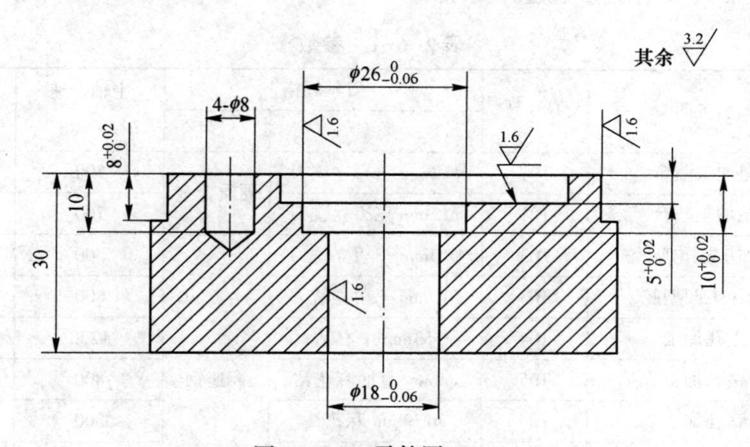

图2-6-1 零件图（一）

2）加工工序。凸台、梅花型腔采用粗、精铣加工。阶梯孔先钻、后镗孔，达到加工要求，通孔钻后再铰。毛坯为75mm×75mm×30mm板材，工件材料为45钢，外形已加工，

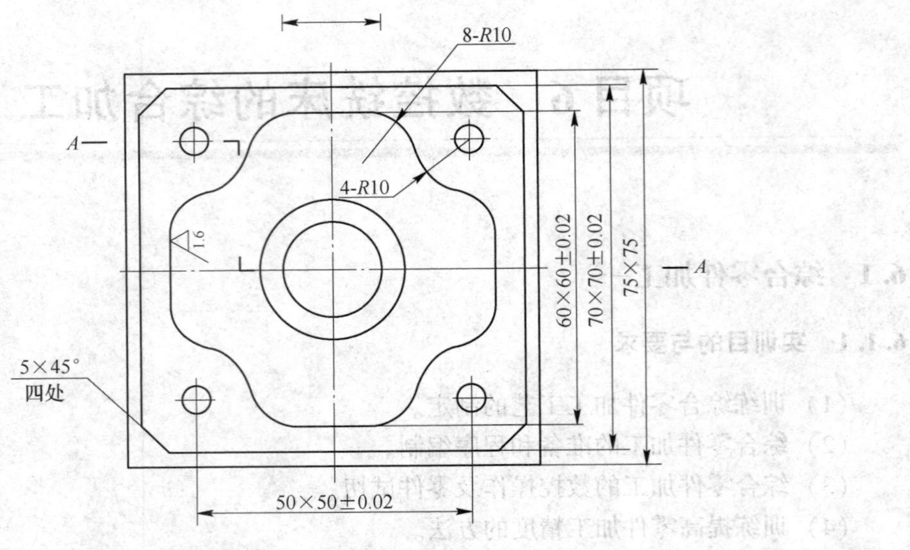

图 2-6-2　零件图（二）

根据零件图样要求其加工工序为：

①粗加工凸台外形，选用 ϕ12mm 立铣刀。精加工采用改变刀具半径补偿值的方法加工。

②点孔加工 4-ϕ8mm 及 ϕ18mm，选用 ϕ3mm 中心钻。

③钻 4-ϕ8mm。

④钻孔加工，选用 ϕ17. 9mm 麻花钻，可用高速深孔钻循环指令 G83。

⑤梅花型腔，选用 ϕ10mm 三刃立铣刀，其闭式型腔切入和切出安排在型腔中部。精加工采用改变刀具半径值补偿值的方法加工。

⑥镗阶梯孔，达到精度要求。

⑦铰孔加工，选用 ϕ10mmH9 机用铰刀，可用高速深孔钻循环指令 G85。

3）各工序刀具及切削参数选择见表 2-6-1。

表 2-6-1　参数

序号	加工面	刀具号	刀具规格		主轴转速	进给速度
			类型	材料	n/r · min^{-1}	v/mm · min^{-1}
1	粗加工凸台	T01	ϕ12mm 三刃立铣刀	硬质合金	500	120
2	精加工凸台	T01	ϕ12mm 三刃立铣刀		700	80
3	粗加工梅花型腔	T03	ϕ10mm 三刃立铣刀	高速钢	500	120
4	精加工凹型腔	T03	ϕ10mm 三刃立铣刀		800	80
5	点孔加工	T04	ϕ3mm 中心钻		1200	120
6	钻孔加工	T05	ϕ8mm 直柄麻花钻		800	50
7	钻孔加工	T06	ϕ179mm 麻花钻		800	50
8	镗孔加工	T07	ϕ26mm 孔		500	30
9	铰孔加工	T08	ϕ18mmH9 机用铰刀		300	30

（2）参考程序。

1）确定工件坐标系和对刀点。

在 *XOY* 平面内确定以 *O* 点为工件原点，*Z* 方向以工件上表面为原点，建立工件坐标系。

2）参考程序。

ϕ12mm 的铣刀（铣外形）：

```
O1000
N10G90G40G49M03S500;
N20G00Z30;
N30X60Y-60;
N40G01Z-8F100;
N50G41X30Y-35D01;
N55X30;
N60X-30;
N70X-35Y-30;
N80Y30;
N90X-30Y35;
N100X30;
N110X35Y30;
N120Y-30;
N130X20Y-45;
N140G00Z30;
N150G40X70Y-35;
N160M05;
N170M30;
```

ϕ17.9mm 的麻花钻（钻孔）：

```
O2000
N10G90G40G49M03S500;
N20G00Z30;
N30X0Y0;
N40G01Z5F100;
N50G83G99X0Y0Z-17R5Q3F60;
N60G00Z30;
N70M05;
N80M30;
```

镗孔：

```
O3000
N10G90G40G49M03S500;
N20G00Z30;
N30X0Y0;
N40G01Z5F100;
N60G98G85X0Y0Z-10R5F50;
N70G00Z30;
N80M05;
N90M30;
```

ϕ10mm 的铣刀（挖槽）：

```
O4000
```

```
N10G90G40G49M03S500;
N20G00Z30;
N30X0Y0;
N40G01Z-5F100;
N50G42X30Y-5.6351D01;
N60G02X22.468Y-15.3259R10;
N70G03X15.3175Y-22.5R10;
N80G02X5.635Y-30R10;
N90G01X-5.635;
N100G02X-15.3175Y-22.5R10;
N110G03X-22.468Y-15.3259R10;
N120G02X-30Y-5.6351R10;
N130G01Y5.6351;
N140G02X-22.468Y15.3259R10;
N150G03X-15.3175Y22.5R10;
N160G02X-5.635Y30R10;
N170G01X5.635;
N180G02X15.3175Y22.5R10;
N190G03X22.468Y15.3259R10;
N200G02X30Y3.6351R10;
N210G01X30Y-5.6351;
N220G02X22.468Y-15.3259R10;
N225G02X10Y-10R15;
N230G00Z30;
N240G40X70Y0;
N250M05;
N260M30;
```

ϕ8mm 的麻花钻（钻孔）:

```
O5000
N10G90G40G49M03S500;
N20G00Z30;
N30G99G81X25Y25Z-10R5F80;
N40X-25; N50Y-25;
N60X25;
N70G80G00X70Y0;
N80M05;
N90M30;
```

（3）学生操作实训：

1）指导学生建立工件坐标系和程序的编制及工艺的制定。

2）说明刀具的选择、机床操作。

3）在加工一定尺寸后测量精度，指导学生利用修改刀补设置，校正尺寸精度。

4）程序调试与零件的试切。

5）指导在工序间换刀的方法。

评分标准见表2-6-2。

表 2-6-2　评分标准表

班级		姓名		学号		日期	
实训零件		外轮廓加工训练				零件图号	
		序号	检测项目		配分	学生自评分	教师评分
基本检查编程操作		1	切削加工工艺制定正确		3		
		2	切削用量选择合理		3		
		3	程序正确、简单、明确、规范		3		
		4	设备操作、维护保养正确		3		
		5	安全、文明生产		7		
		6	刀具选择、安装正确、规范		3		
		7	工件找正、安装正确、规范		3		
基本检查结果总计					25		

	序号	图样尺寸/mm	公差/mm		配分	实测尺寸		分数
						学生自评	教师检测	
尺寸检测	1	70×70	+0.02 -0.02	2处	8			
	2	60×60	+0.02 -0.02	2处	8			
	3	孔距50	+0.02 -0.02	4处	6			
	4	ϕ26	0 -0.06		5			
	5	ϕ18	0 -0.06		5			
	6	深8	+0.02 0		5			
	7	深5	+0.02 0		5			
	8	深10	+0.02 0		5			
	9	孔 ϕ8		4处	8			
	10	外轮廓形状			5			
	11	外轮廓表面粗糙度			5			
	12	内轮廓形状			5			
	13	内轮廓表面粗糙度			5			
尺寸检查总计					75			

基本检查	尺寸检查结果	成绩

6.2　综合零件加工二

6.2.1　实训目的与要求

（1）训练综合零件加工的编程能力。
（2）零件造型及刀具选择、工艺确定。
（3）利用 CAM 设定走刀路径。
（4）进行后置处理，生成加工程序。

6.2.2　实训难点与重点

（1）训练使用多把刀具对刀、换刀及程序编制。
（2）用 CAM 设定走刀路径及生成加工程序并后置处理（图 2-6-3）。

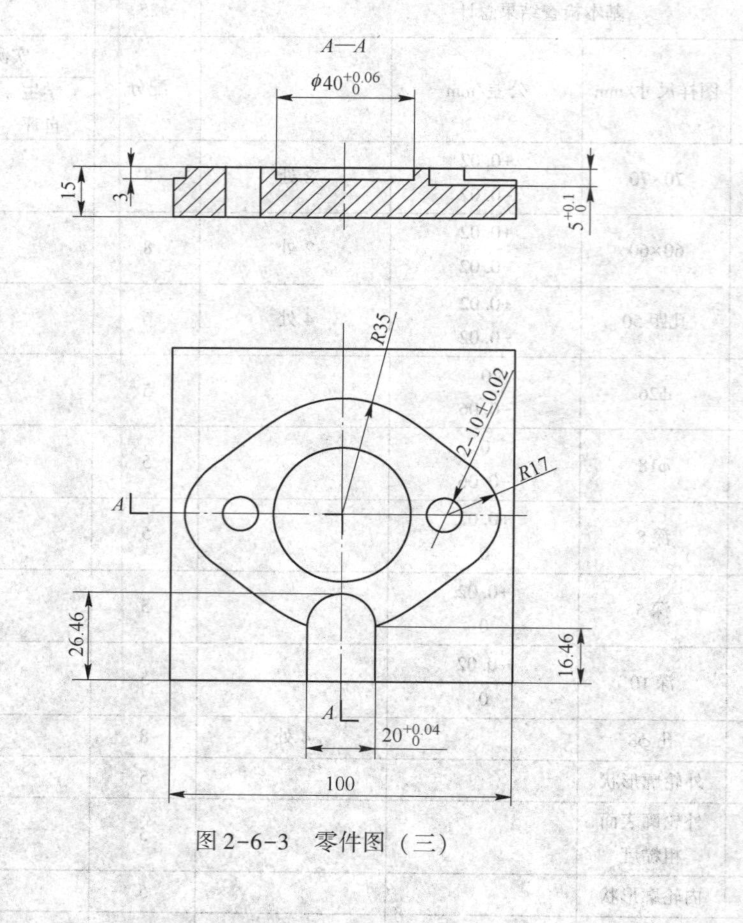

图 2-6-3　零件图（三）

6.2.3　实训内容

6.2.3.1　讲解内容

（1）工艺分析：

1）零件几何特点。该零件由左右对称的凸台、型腔、孔组成，其几何形状为平面二维图形，零件的外轮廓为方形，闭式型腔尺寸精度为未注公差取公差中等级±0.1，表面粗糙度为1.6μm，开式槽表面粗糙度3.2μm，需采用粗、精加工。孔为对称分布，表面粗糙度为1.6μm。

2）加工工序。毛坯为100mm×100mm×15mm板材，工件材料为45钢，外形已加工，根据零件图样要求其加工工序为：

①粗加工凸台外形，选用ϕ30mm立铣刀，加工面大，可提高加工效率；凹型腔，选用ϕ16三刃立铣刀，其闭式型腔切入和切出安排在型腔中部。精加工采用改变刀具半径值补偿值的方法加工。

②点孔加工，选用ϕ3mm中心钻。

③钻孔加工，选用ϕ9.6mm直柄麻花钻，可用高速深孔钻循环指令G83。

④铰孔加工，选用ϕ10mmH9机用铰刀，可用高速深孔钻循环指令G85。

3）各工序刀具及切削参数选择见表2-6-3。

表2-6-3　刀具及参数

序号	加工面	刀具号	刀具规格		主轴转速	进给速度
			类型	材料	n/r·min^{-1}	v/mm·min^{-1}
1	粗加工凸台	T01	ϕ30mm三刃立铣刀	硬质合金	500	120
2	精加工凸台	T02	ϕ12mm三刃立铣刀		800	80
3	粗加工凹型腔	T03	ϕ16mm三刃立铣刀	高速钢	800	120
4	精加工凹型腔	T03	ϕ16mm三刃立铣刀		800	80
5	点孔加工	T04	ϕ3mm中心钻		1200	120
6	钻孔加工	T05	ϕ7.6mm直柄麻花钻		800	80
7	铰孔加工	T06	ϕ8mmH9机用铰刀		300	50

（2）参考程序：

1）确定工件坐标系和对刀点。

2）确定工件坐标系和对刀点。在XOY平面内确定以O点为工件原点，Z方向以工件上表面为原点，建立工件坐标系。

①外形加工程序（铣刀ϕ30mm粗加工、铣刀ϕ12mm精加工）：

```
O1234
N10G90G01Z20M03S500F200；
N20X-70Y-36.46；
N30G42G01X-65D01；
N40Z-3；N50X10；
N60X40.20Y-13.60；
N70G03X40.20Y13.60R17；
N80G01X17.50Y30.31；
N90G03X-17.50Y30.31R35；
N100G01X-40.20Y13.60；
N110G03X-40.20Y-13.60R17；
N120G01X-10.00Y-34.46；
N130X60；
```

N140G40G01X80；
N150G00Z20；
N160M05；
N170M30；
②型腔、槽加工程序（ϕ12mm）：
O5678
N10G90G01M03S500Z20F200；
N20X-10Y-75；
N30G42X-10Y-65F200D01；
N40Z-5；
N50Y-36.46；
N60G02X10.00Y-34.46I-10J0；
N70G01Y-70；N80Z20；
N90G40X-10Y0；
N100Z1F100；
N110X10；
N120X-10Z0；
N130X10Z-0.5；
N140X-10Z-1；
N150X10Z-1.5；
N160X-10Z-2；
N170X10Z-2.5；
N180X-10Z-3；
N190G41X10；
N200G03X20Y0I20J0；
N210X10Y0I10J0；
N220G01Z20；
N230G40X70；
N240M05；
N250M30；
③钻削加工程序（ϕ10mm 钻头）：
O6789
N10G90G00Z30S350M03；
N20X-30Y0；
N30G99G83Z-20R30Q2F80；
N40X30；
N50G80；
N60M05；
N70M30；

6.2.3.2　学生操作实训

（1）指导学生建立工件坐标系和程序的编制及工艺的制定。
（2）在加工一定尺寸后测量精度，指导学生利用修改刀补设置，校正尺寸精度。
（3）程序调试与零件的试切。

（4）指导在加工中心换刀及工序间换刀的方法。

（5）监督学生的程序正确性、操作的正确性、测量的正确性，并及时纠正。

评分标准见表2-6-4。

表2-6-4　评分标准表

班级		姓名		学号		日期	
实训零件		外轮廓加工训练				零件图号	
基本检查 编程操作	序号	检测项目		配分	学生自评分		教师评分
	1	切削加工工艺制定正确		3			
	2	切削用量选择合理		3			
	3	程序正确、简单、明确、规范		3			
	4	设备操作、维护保养正确		3			
	5	安全、文明生产		7			
	6	刀具选择、安装正确、规范		3			
	7	工件找正、安装正确、规范		3			
基本检查结果总计				25			
尺寸 检测	序号	图样尺寸/mm	公差/mm	配分	实测尺寸 学生自评	实测尺寸 教师检测	分数
	1	不规则外轮廓形状		10			
	2	*R*35		5			
	3	高度3		5			
	4	24.46	1处	5			
	5	20	+0.04 0	5			
	6	键槽深5	+0.1 0	5			
	7	16.16		5			
	8	*R*17	2处	5			
	9	ϕ10	2处	5			
	10	ϕ40	+0.06 0	5			
	11	ϕ40孔深		5			
	12	不规则外轮廓 表面粗糙度		5			
	13	键槽表面粗糙度		5			
	14	ϕ40孔表面粗糙度		5			
尺寸检查总计				75			
基本检查结果			尺寸检查结果		成绩		

6.3 综合零件加工三

6.3.1 实训目的与要求

（1）训练综合零件加工的数控操作能力。

（2）利用 CAM 设定走刀路径。

（3）进行后置处理，生成加工程序。

（4）综合零件加工的精度保证能力。

6.3.2 实训难点与重点

（1）训练使用多把刀具对刀、换刀及程序编制。

（2）用 CAM 设定走刀路径及生成加工程序。

6.3.3 实训内容

6.3.3.1 讲解内容

（1）工艺分析：

1）零件几何特点（图 2-6-4）。该零件由一个左右对称的凸台、一个左右对称的型腔、一条圆弧槽和左右对称的四个孔组成，其几何形状为平面二维图形，零件的外轮廓为方形，开式型腔，尺寸精度为±0.01mm，表面粗糙度为 1.6μm，圆弧槽表面粗糙度 3.2μm，需采用粗、精加工。孔为对称分布，表面粗糙度为 1.6μm。

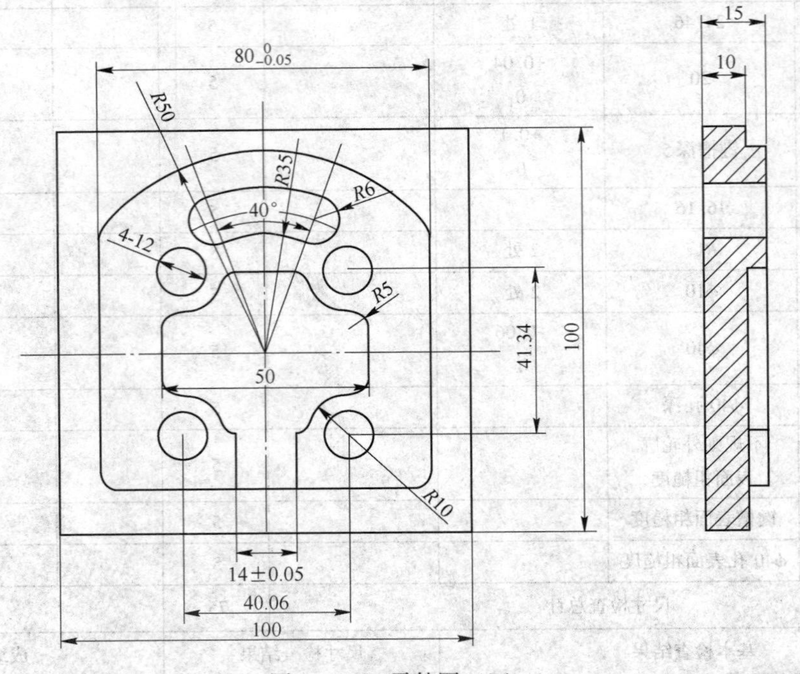

图 2-6-4 零件图（四）

2）加工工序。毛坯为100mm×100mm×15mm板材，工件材料为45钢，外形已加工，根据零件图样要求其加工工序为：

①粗加工凸台外形，选用ϕ80mm立铣刀，加工面大，可提高加工效率；开口型腔，选用ϕ8mm三刃立铣刀，其切入和切出安排在开口型腔正下部开口处。槽的加工选用ϕ8mm三刃立铣刀，采用螺旋式沿轮廓下刀。精加工采用改变刀具半径值补偿值的方法加工。

②点孔加工，选用ϕ3mm中心钻。

③钻孔加工，选用ϕ12mm直柄麻花钻，可用高速深孔钻循环指令G83。

④扩孔加工，采用ϕ19.8mm扩孔钻，可用高速深孔钻循环指令G83。

⑤铰孔加工，选用ϕ20mmH9机用铰刀，可用高速深孔钻循环指令G85。

3）加工过程见表2-6-5。

表2-6-5 参数

序号	加工面	刀具号	刀具规格		主轴转速	进给速度
			类型	材料	n/r·min^{-1}	v/mm·min^{-1}
1	粗加工凸台	T01	ϕ80mm立铣刀	硬质合金	1000	200
2	精加工凸台	T02	ϕ8mm三刃立铣刀		1800	100
3	粗加工开口型腔	T02	ϕ8mm三刃立铣刀	高速钢	600	120
4	精加工开口型腔	T02	ϕ8mm三刃立铣刀		800	50
5	粗加工圆弧型槽	T02	ϕ8mm三刃立铣刀		600	120
6	精加工圆弧型槽	T02	ϕ8mm三刃立铣刀		800	50
7	点孔加工	T03	ϕ3mm中心钻		1200	120
8	钻孔加工	T04	ϕ12mm直柄麻花钻		500	50
9	扩孔加工	T05	ϕ19.8mm扩孔钻		500	80
10	铰孔加工	T06	ϕ8mmH9机用铰刀		300	30

4）操作中应注意的重点、难点。注意刀具补偿值的正确使用，通过正确测量工件的尺寸，合理地修改刀补值，保证加工精度。

（2）参考程序：

1）确定工件坐标系和对刀点。在*XOY*平面内确定以*O*点为工件原点，*Z*方向以工件上表面为原点，建立工件坐标系。

2）外形加工程序

铣外形 ϕ8mm立铣刀：

```
O1000
N10G49G40G00G90Z30S400M03；
N20G01X-70Y-35F200；
N40Z-5F100；
N50G42X-40D01；
N60X34；
N70G03Y29R6；
N80G01X40Y27.9285；
```

N90G03X38. 6364Y31. 7369R6；
N100X-38. 6364R50；
N110X-40Y27. 9285R6；
N120G01X-40Y-29；
N130G03X-34Y-35R6；
N140GO1X0；N150Z20；
N160G40Y-70；
N170M05；
N180M30；
铣开口型腔（ϕ8mm 立铣刀）：
O1000
N10G49G40G00G90Z30S500M03；
N20G01X0Y-50F200；
N40Z-5F100；
N50G41X7Y-35D02；
N60Y-20；
N70X10. 8579；
N80G03X5. 5719Y-16. 6667R10；
N90G02X21. 6667Y-10. 5719R5；
N100G03X25Y-5. 8579R5；
N110G01X25Y5. 8579；
N120G03X21. 6667Y10. 5719R5；
N130G02X5. 5719Y16. 6667R10；
N140GO3X10. 8579Y20R5；
N150G01X-10. 8579Y20；
N160G03X-5. 5719Y16. 6667R5；
N170G02X-21. 6667Y10. 5719R10；
N180G03X-25Y5. 8579R5；
N190G01Y-5. 8579；
N200G03X-21. 6667Y-10. 5719R5；
N210G02X-5. 4719Y-16. 6667R10；
N220G03X-10. 8579Y-20R5；
N230G01X-7；N240Y-50；
N250Z20；
N260G40Y-60；
N270M05；
N280M30；
铣圆弧槽（ϕ8mm 立铣刀）
O1000
N10G49G40G00G90Z30S500M03；
N20G01X-10Y35F200；
N40Z0F100；
N50X10Z-0. 5；

```
N60X-10Z-1;
N70X10Z-1.5;
N80X-10Z-2;
N90X10Z-2.5;
N100X-10Z-3;
N110X10Z-3.5;
N120X-10Z-4;
N130X10Z-4.5;
N140X-10Z-5;
N150X10Z-5.5;
N160X-10Z-6;
N170X10Z-6.5;
N180X-10Z-7;
N190X10Z-7.5;
N200X-10Z-8;
N210X10Z-8.5;
N220X-10Z-9;
N230X10Z-9.5;
N240X-10Z-10;
N250X10Z-10.5;
N260X-10Z-11;
N270X10Z-11.5;
N280X-10Z-12;
N290X10Z-12.5;
N300X-10Z-13;
N310X10Z-13.5;
N320X-10Z-14;
N330X10Z-14.5;
N340X-10Z-15;
N350Z-5;
N360G42X14.032Y38.527;
N370G02X9.909Y27.224R6;
N380G03X-9.909Y27.224R29;
N390G02X-14.023Y38.527R6;
N400X14.023R41;
N410G01Z20;
N420X14.023Y38.527;
N430Z-10;
N440G02X9.909Y27.224R6;
N450G03X-9.909Y27.224R29;
N460G02X-14.023Y38.527R6;
N470X14.023R41;
N480G01Z20;
```

```
N490X14.023Y38.527;
N500Z-15;
N510G02X9.909Y27.224R6;
N520G03X-9.909Y27.224R29;
N530G02X-14.023Y38.527R6;
N540X14.023R41;
N550G01Z20;
N560G40X0Y70;
N570M05;
N580M30;
```

钻削加工程序（ϕ3mm 中心钻、ϕ12mm 麻花钻、ϕ19.8mm 扩孔钻）：

```
O6789
N10G90G00Z30S1200M03;
N15G43Z10H03;
N20X-30Y20;
N30G99;
```

6.3.3.2　学生操作实训

（1）指导学生建立工件坐标系和程序的编制及工艺的制定。

1）因毛坯厚度为 15mm，故无须进行面铣。

2）外形铣可采用 ϕ16mm 的盘刀，加工面大，可提高加工效率。

3）挖槽采用 ϕ8mm 的立铣刀。

4）钻孔加工，选用 ϕ12mm 直柄麻花钻，可用钻循环指令 G81。

（2）在加工一定尺寸后测量精度，指导学生利用修改刀补设置，校正尺寸精度。

（3）程序调试与零件的试切。

（4）指导在加工中心换刀及工序间换刀的方法。

（5）监督学生程序的正确性、操作的正确性、测量的正确性，并及时纠正。

考核标准见表 2-6-6。

表 2-6-6　考核标准表

班级		姓名		学号		日期	
实训零件		外轮廓加工训练				零件图号	
基本检查 编程操作		序号	检测项目		配分	学生自评分	教师评分
		1	切削加工工艺制定正确		3		
		2	切削用量选择合理		3		
		3	程序正确、简单、明确、规范		3		
		4	设备操作、维护保养正确		3		
		5	安全、文明生产		7		
		6	刀具选择、安装正确、规范		3		
		7	工件找正、安装正确、规范		3		

续表2-6-6

班级		姓名			学号		日期		
基本检查结果总计					25				
	序号	图样尺寸/mm	公差/mm		配分	实测尺寸		分数
						学生自评	教师检测	
尺寸检测	1	80	0 -0.05		5			
	2	14	+0.05 -0.05		5			
	3	孔距40.06	2处		5			
	4	孔距41.34	2处		5			
	5	14	+0.03 -0.03		5			
	6	深度5	+0.03 -0.03		6			
	7	孔 ϕ12	4处		8			
	8	90外轮廓形状	1处		5			
	9	90外轮廓表面粗糙度			3			
	10	50内轮廓尺寸			5			
	11	50内轮廓形状			4			
	12	50内轮廓深度			4			
	13	键槽	1处		10			
	14	50内轮廓表面粗糙度			5			
尺寸检查总计					75			

基本检查结果	尺寸检查结果	成绩

项目7　数控铣床技能鉴定样题

7.1　职业技能鉴定模拟试卷一

数控加工中心中级操作技能考核试卷

考件编号：________姓名：________准考证号：________单位：________

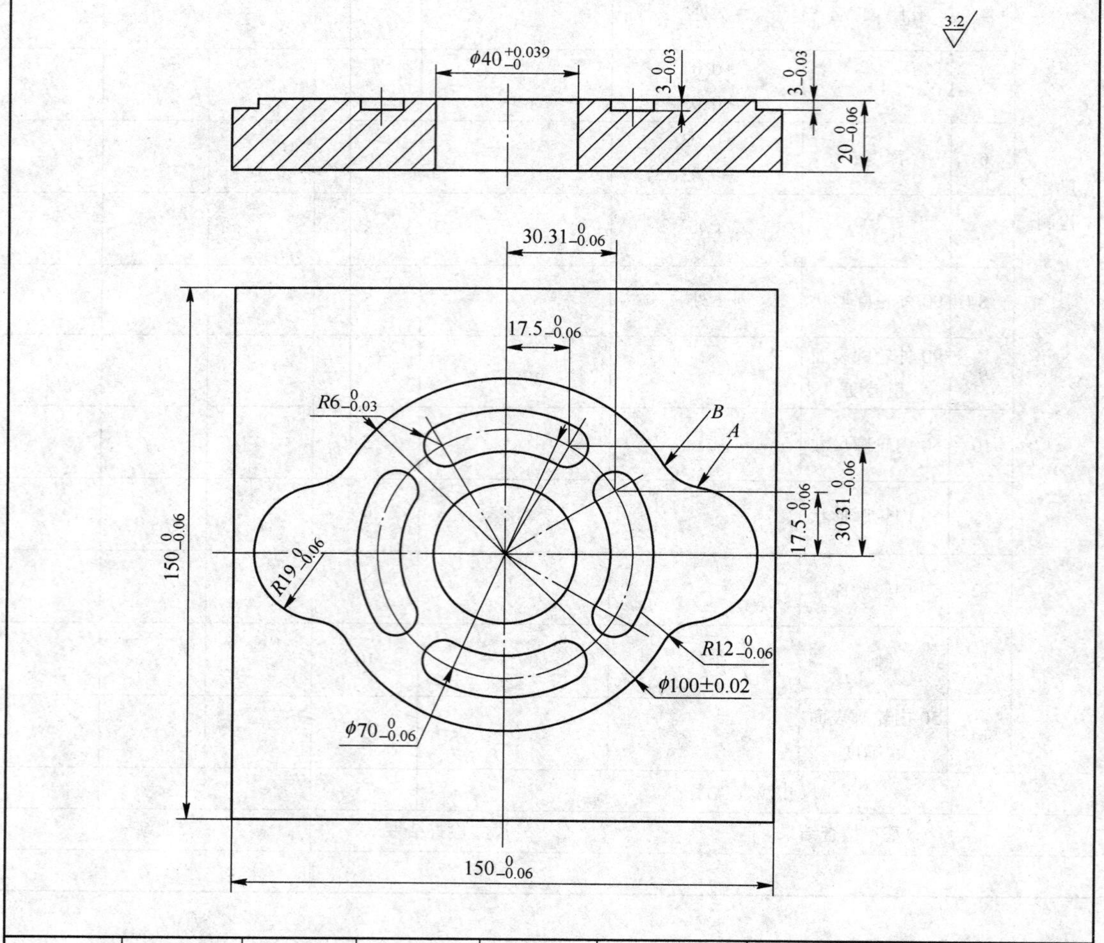

项目名称	考件二	材料	45钢	毛坯	150mm×150mm×20mm	考核时间	300min

7.2　职业技能鉴定模拟试卷二

数控加工中心中级操作技能考核试卷考件二评分表

考件编号：________姓名：________准考证号：________单位：________　　（mm）

序号	项　目	考核内容		配分	评分标准	检测结果	扣分	得分	备注
1	外形	$\phi100\pm0.02$	IT	4	超差 0.01 扣 2 分				
			R_a	4	降一级扣 2 分				
		$30.1^{0}_{-0.06}$	IT	4	超差 0.01 扣 2 分				
			R_a	4	降一级扣 2 分				
		$R12$	IT	4	超差 0.01 扣 2 分				
			R_a	4	降一级扣 2 分				
		5 ± 0.08	IT	4	超差 0.01 扣 2 分				
			R_a	4	降一级扣 2 分				
		$17.5^{0}_{-0.06}$	IT	4	超差 0.01 扣 2 分				
			R_a	2	降一级扣 2 分				
2	槽	$R70$	IT	4	超差 0.01 扣 1 分				
			R_a	4	降一级扣 2 分				
		$R6^{0}_{-0.03}$	IT	4	超差 0.01 扣 1 分				
			R_a	4	降一级扣 2 分				
		3 ± 0.08	IT	4	超差 0.01 扣 1 分				
			R_a	4	降一级扣 2 分				
3	程序编制	建立工作坐标系		2	出现错误不得分				
		程序代码正确		4	出现错误不得分				
		刀具轨迹显示正确		3	出现错误不得分				
		程序完整		4	出现错误不得分				
4	机床操作	开机及系统复位		3	出现错误不得分				
		装夹工件		2	出现错误不得分				
		输入及修改程序		5	出现错误不得分				
		正确设定对刀点		3	出现错误不得分				
		建立刀补		4	出现错误不得分				
		自动运行		3	出现错误不得分				
5	工、量、刃具的正确使用	执行操作规程		2	违反规程不得分				
		使用工具、量具		3	选择错误不得分				
6	加工时间	超过定额时间 5min 扣 1 分；超过 10min 扣 5 分，以后每超过 5min 加扣 5 分，超过 30min 停止考试							
7	文明生产	按有关规定每违反一项从总分中扣 3 分，发生重大事故取消考试。扣分不超过 10 分							
监考人			检验员			考评员			

7.3　职业技能鉴定模拟试卷三

数控加工中心中级操作技能考核试卷

考件编号：________姓名：________准考证号：________单位：________

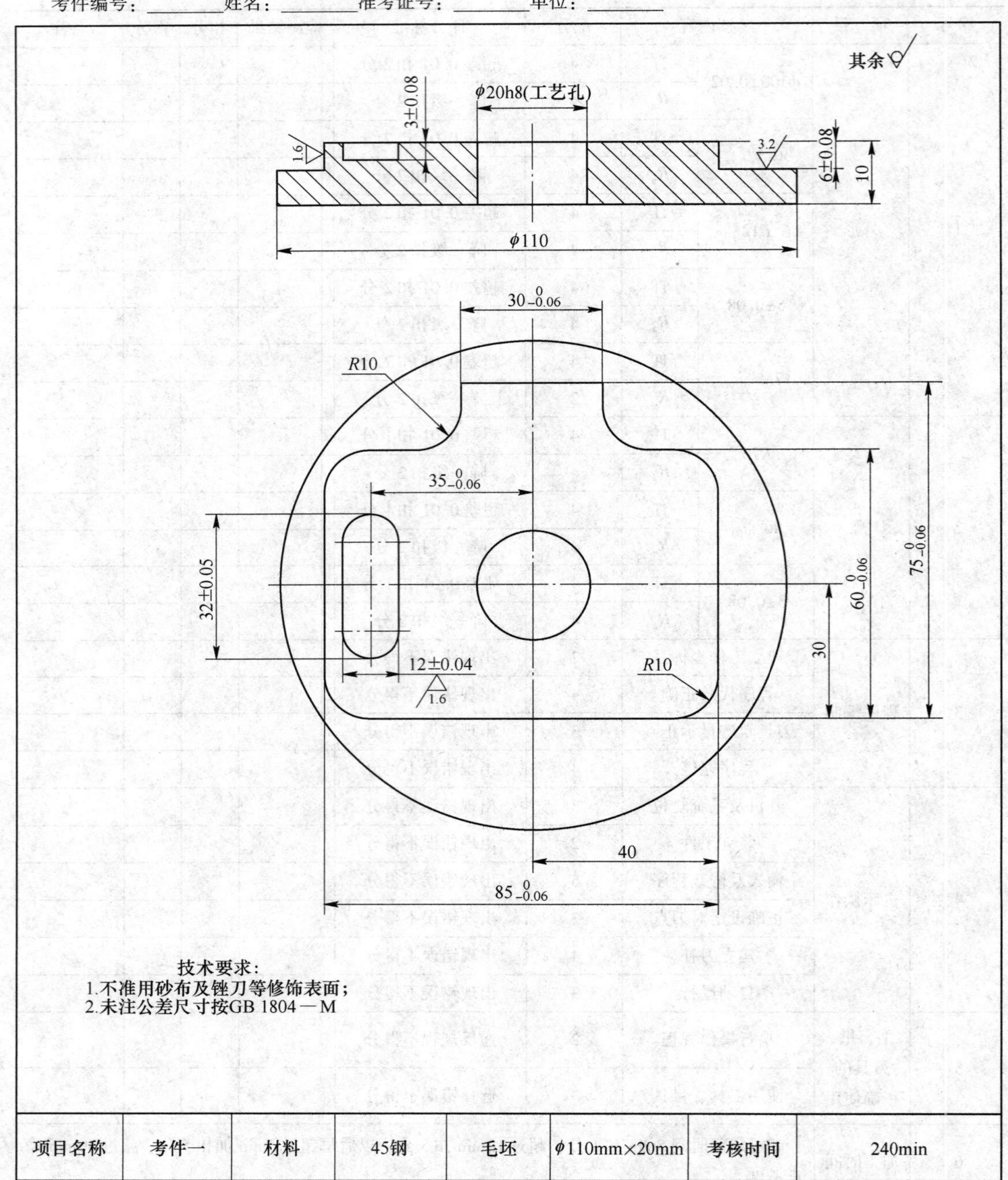

项目名称	考件一	材料	45钢	毛坯	φ110mm×20mm	考核时间	240min

7.4 职业技能鉴定模拟试卷四

数控加工中心中级操作技能考核试卷考件四评分表

考件编号：________姓名：________准考证号：________单位：________ （mm）

序号	项 目	考核内容		配分	评分标准	检测结果	扣分	得分	备注
1	外形	$85^{0}_{-0.06}$	IT	4	超差0.01扣2分				
			R_a	4	降一级扣2分				
		$75^{0}_{-0.06}$	IT	4	超差0.01扣2分				
			R_a	4	降一级扣2分				
		$30^{0}_{-0.06}$	IT	4	超差0.01扣2分				
			R_a	4	降一级扣2分				
		6±0.08	IT	4	超差0.01扣2分				
			R_a	4	降一级扣2分				
		*R*10	IT	4	超差0.01扣2分				
			R_a	2	降一级扣2分				
2	槽	32±0.05	IT	4	超差0.01扣1分				
			R_a	4	降一级扣2分				
		12±0.04	IT	4	超差0.01扣1分				
			R_a	4	降一级扣2分				
		3±0.08	IT	4	超差0.01扣1分				
			R_a	2	降一级扣2分				
3	程序编制	建立工作坐标系		2	出现错误不得分				
		程序代码正确		4	出现错误不得分				
		刀具轨迹显示正确		3	出现错误不得分				
		程序完整		4	出现错误不得分				
4	机床操作	开机及系统复位		3	出现错误不得分				
		装夹工件		2	出现错误不得分				
		输入及修改程序		5	出现错误不得分				
		正确设定对刀点		3	出现错误不得分				
		建立刀补		4	出现错误不得分				
		自动运行		3	出现错误不得分				
5	工、量、刃具的正确使用	执行操作规程		2	违反规程不得分				
		使用工具、量具		3	选择错误不得分				
6	加工时间	超过定额时间5min扣1分；超过10min扣5分，以后每超过5min加扣5分，超过30min则停止考试							
7	文明生产	按有关规定每违反一项从总分中扣3分，发生重大事故取消考试。扣分不超过10分							
监考人			检验员		考评员				

7.5 职业技能鉴定模拟试卷五

数控加工中心中级操作技能考核试卷

考件编号：________姓名：________准考证号：________单位：________

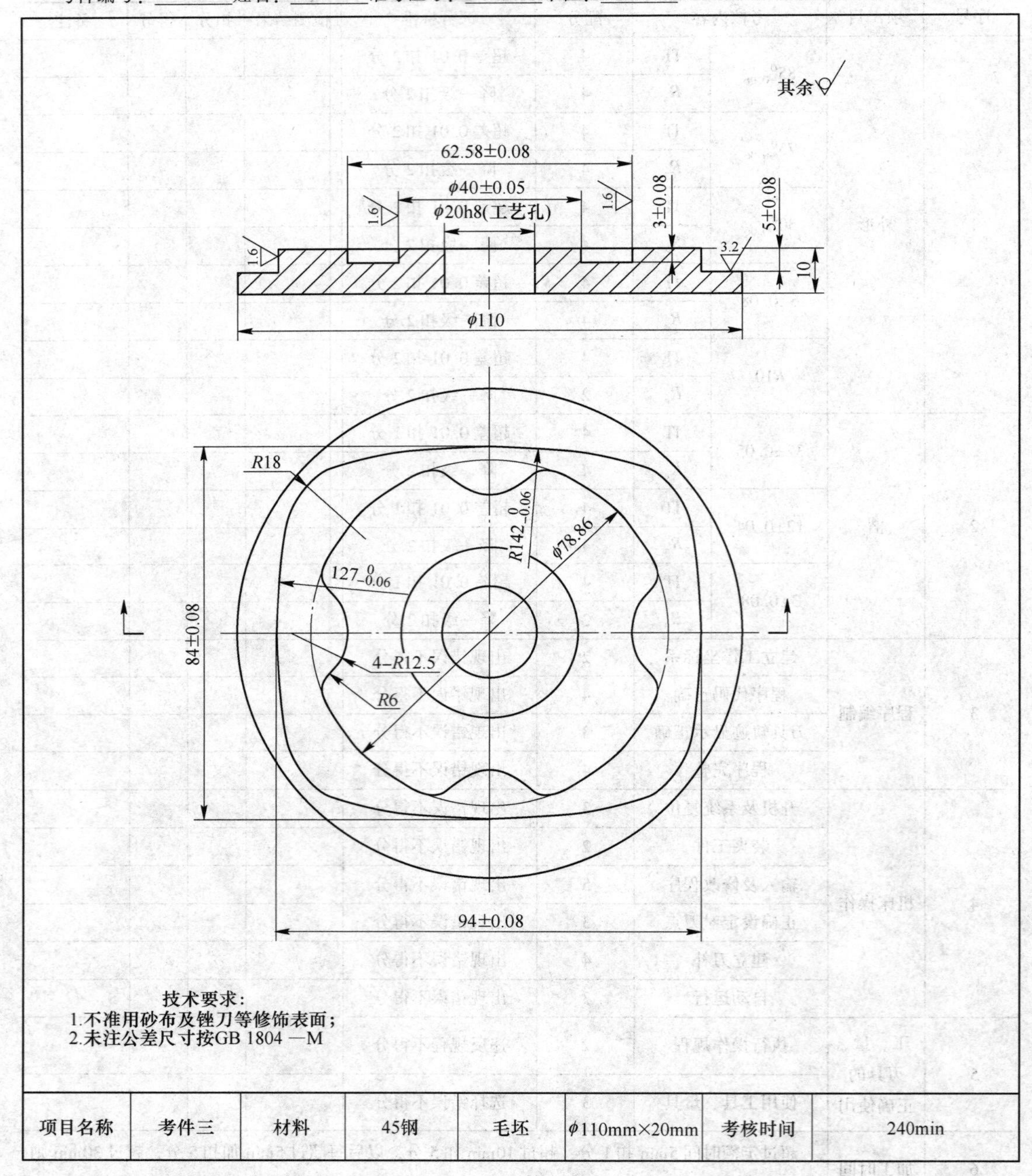

项目名称	考件三	材料	45钢	毛坯	φ110mm×20mm	考核时间	240min

7.6 职业技能鉴定模拟试卷六

数控加工中心中级操作技能考核试卷考件六评分表

考件编号：________姓名：________准考证号：________单位：________　(mm)

序号	项　目	考核内容		配分	评分标准	检测结果	扣分	得分	备注
1	外形	94±0.08	IT	4	超差0.01扣2分				
			R_a	4	降一级扣2分				
		84±0.08	IT	4	超差0.01扣2分				
			R_a	4	降一级扣2分				
		ϕ40±0.05	IT	4	超差0.01扣2分				
			R_a	4	降一级扣2分				
		5±0.08	IT	4	超差0.01扣2分				
			R_a	4	降一级扣2分				
		R18	IT	4	超差0.01扣2分				
			R_a	2	降一级扣2分				
2	槽	ϕ78.86	IT	4	超差0.01扣1分				
			R_a	4	降一级扣2分				
		62.58±0.08	IT	4	超差0.01扣1分				
			R_a	4	降一级扣2分				
		3±0.08	IT	4	超差0.01扣1分				
			R_a	4	降一级扣2分				
3	程序编制	建立工作坐标系		2	出现错误不得分				
		程序代码正确		4	出现错误不得分				
		刀具轨迹显示正确		3	出现错误不得分				
		程序完整		4	出现错误不得分				
4	机床操作	开机及系统复位		3	出现错误不得分				
		装夹工件		2	出现错误不得分				
		输入及修改程序		5	出现错误不得分				
		正确设定对刀点		3	出现错误不得分				
		建立刀补		4	出现错误不得分				
		自动运行		3	出现错误不得分				
5	工、量、刃具的正确使用	执行操作规程		2	违反规程不得分				
		使用工具、量具		3	选择错误不得分				
6	加工时间	超过定额时间5min扣1分；超过10min扣5分，以后每超过5min加扣5分，超过30min则停止考试							
7	文明生产	按有关规定每违反一项从总分中扣3分，发生重大事故取消考试。扣分不超过10分							

监考人		检验员		考评员	

7.7　职业技能鉴定模拟试卷七

数控加工中心中级操作技能考核试卷

考件编号：________姓名：________准考证号：________单位：________

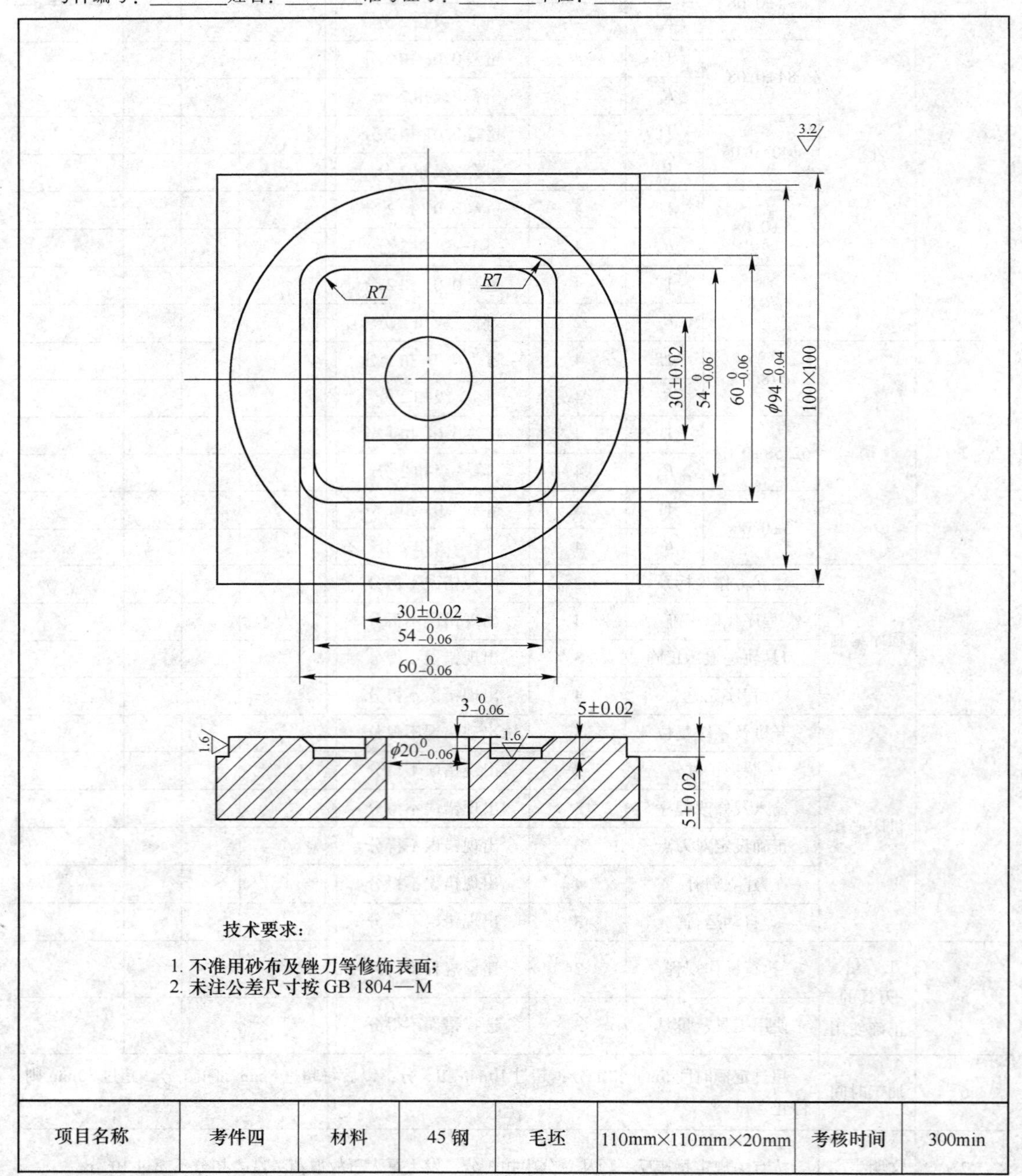

项目名称	考件四	材料	45 钢	毛坯	110mm×110mm×20mm	考核时间	300min

7.8　职业技能鉴定模拟试卷八

数控加工中心中级操作技能考核试卷考件八评分表

考件编号：________姓名：________准考证号：________单位：________　　(mm)

序号	项目	考核内容		配分	评分标准	检测结果	扣分	得分	备注
1	外形	$\phi94^{0}_{-0.04}$	IT	4	超差 0.01 扣 2 分				
			R_a	4	降一级扣 2 分				
		5±0.02	IT	4	超差 0.01 扣 2 分				
			R_a	4	降一级扣 2 分				
2	槽	$60^{0}_{-0.06}$	IT	4	超差 0.01 扣 2 分				
			R_a	4	降一级扣 2 分				
		$54^{0}_{-0.06}$	IT	4	超差 0.01 扣 2 分				
			R_a	4	降一级扣 2 分				
		$30^{0}_{-0.06}$	IT	4	超差 0.01 扣 2 分				
			R_a	2	降一级扣 2 分				
		$3^{0}_{-0.06}$	IT	4	超差 0.01 扣 1 分				
			R_a	4	降一级扣 2 分				
		30±0.02	IT	4	超差 0.01 扣 1 分				
			R_a	4	降一级扣 2 分				
	孔	$\phi20^{0}_{0.06}$	IT	4	超差 0.01 扣 1 分				
			R_a	4	降一级扣 2 分				
3	程序编制	建立工作坐标系		2	出现错误不得分				
		程序代码正确		4	出现错误不得分				
		刀具轨迹显示正确		3	出现错误不得分				
		程序完整		4	出现错误不得分				
4	机床操作	开机及系统复位		3	出现错误不得分				
		装夹工件		2	出现错误不得分				
		输入及修改程序		5	出现错误不得分				
		正确设定对刀点		3	出现错误不得分				
		建立刀补		4	出现错误不得分				
		自动运行		3	出现错误不得分				
5	工、量、刀具的正确使用	执行操作规程		2	违反规程不得分				
		使用工具、量具		3	选择错误不得分				
6	加工时间	超过定额时间 5min 扣 1 分；超过 10min 扣 5 分，以后每超过 5min 加扣 5 分，超过 30min 则停止考试							
7	文明生产	按有关规定每违反一项从总分中扣 3 分，发生重大事故取消考试。扣分不超过 10 分							

监考人		检验员		考评员	

7.9　职业技能鉴定模拟试卷九

数控加工中心中级操作技能考核试卷

考件编号：________姓名：________准考证号：________单位：________

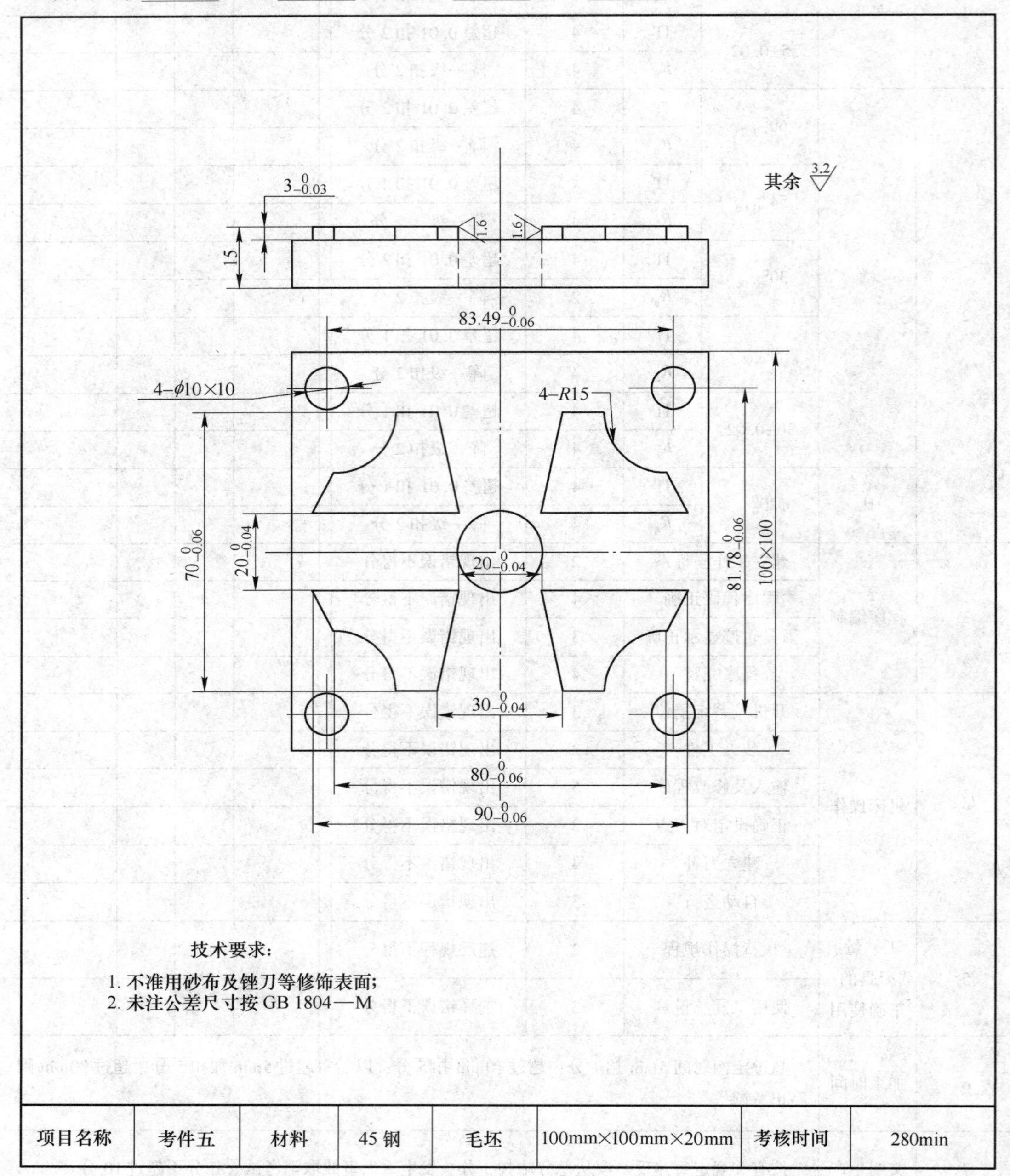

项目名称	考件五	材料	45 钢	毛坯	100mm×100mm×20mm	考核时间	280min

7.10　职业技能鉴定模拟试卷十

数控加工中心中级操作技能考核试卷考件十评分表

考件编号：________姓名：________准考证号：________单位：________　(mm)

序号	项　目	考核内容		配分	评分标准	检测结果	扣分	得分	备注
1	外形	$70^{0}_{-0.06}$	IT	4	超差0.01扣2分				
			R_a	4	降一级扣2分				
		$20^{0}_{-0.04}$	IT	4	超差0.01扣2分				
			R_a	4	降一级扣2分				
		$80^{0}_{-0.06}$	IT	4	超差0.01扣2分				
			R_a	4	降一级扣2分				
		$3^{0}_{-0.03}$	IT	4	超差0.01扣2分				
			R_a	4	降一级扣2分				
		$90^{0}_{-0.06}$	IT	4	超差0.01扣2分				
			R_a	2	降一级扣2分				
2	孔	$\phi10^{0}_{-0.06}$	IT	4	超差0.01扣1分				
			R_a	4	降一级扣2分				
		$\phi20^{0}_{-0.06}$	IT	4	超差0.01扣1分				
			R_a	4	降一级扣2分				
		$\phi3\pm0.08$	IT	4	超差0.01扣1分				
			R_a	4	降一级扣2分				
3	程序编制	建立工作坐标系		2	出现错误不得分				
		程序代码正确		4	出现错误不得分				
		刀具轨迹显示正确		3	出现错误不得分				
		程序完整		4	出现错误不得分				
4	机床操作	开机及系统复位		3	出现错误不得分				
		装夹工件		2	出现错误不得分				
		输入及修改程序		5	出现错误不得分				
		正确设定对刀点		3	出现错误不得分				
		建立刀补		4	出现错误不得分				
		自动运行		3	出现错误不得分				
5	工、量、刃具的正确使用	执行操作规程		2	违反规程不得分				
		使用工具、量具		3	选择错误不得分				
6	加工时间	超过定额时间5min扣1分；超过10min扣5分，以后每超过5min加扣5分，超过30min则停止考试							
7	文明生产	按有关规定每违反一项从总分中扣3分，发生重大事故取消考试。扣分不超过10分							

监考人		检验员		考评员	

7.11 职业技能鉴定模拟试卷十一

数控加工中心中级操作技能考核试卷

考件编号：________姓名：________准考证号：________单位：________

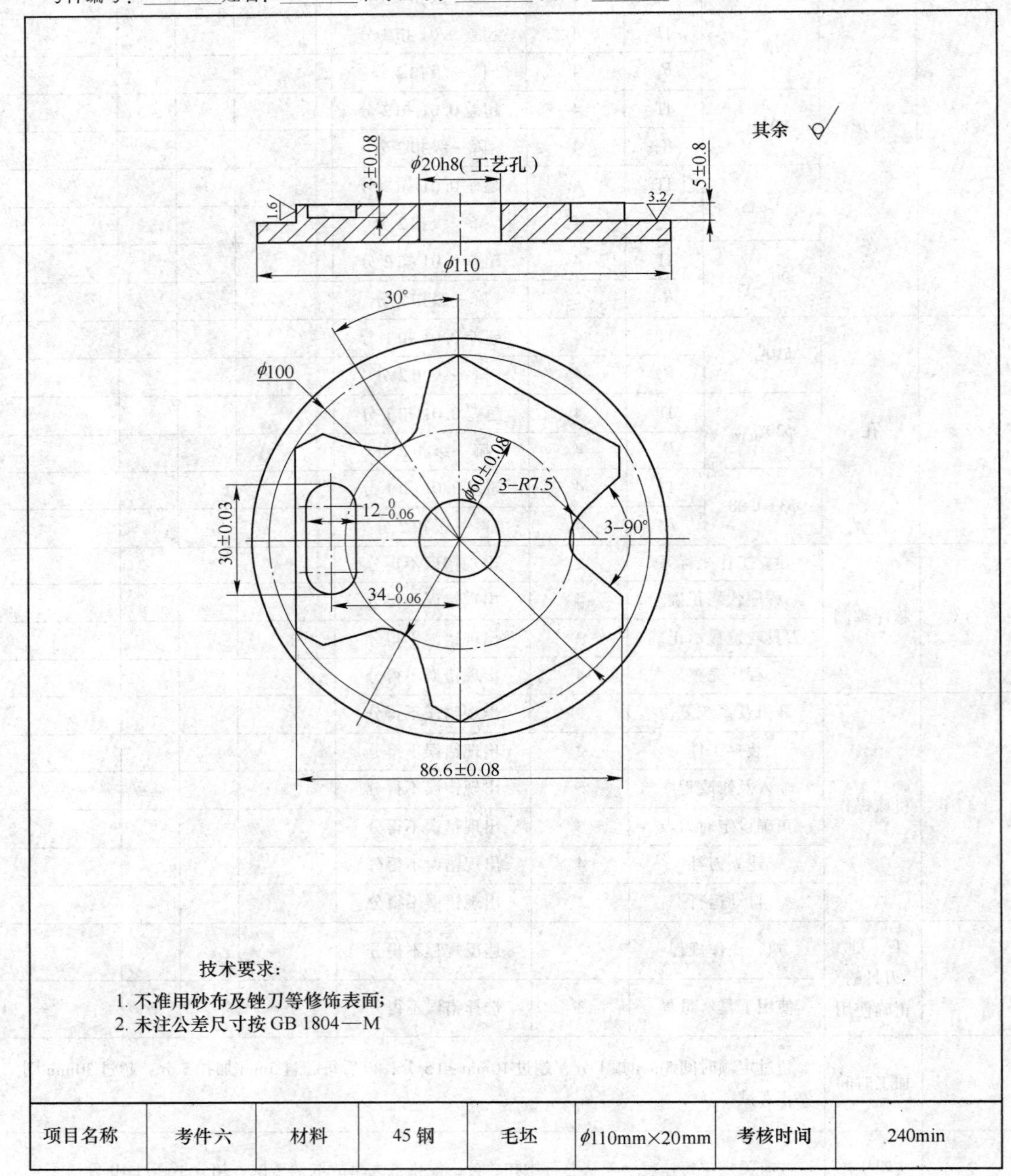

项目名称	考件六	材料	45 钢	毛坯	φ110mm×20mm	考核时间	240min

7.12 职业技能鉴定模拟试卷十二

数控加工中心中级操作技能考核试卷考件十二评分表

考件编号：________姓名：________准考证号：________单位：________　(mm)

序号	项目	考核内容		配分	评分标准	检测结果	扣分	得分	备注
1	外形	$\phi60\pm0.08$	IT	4	超差0.01扣2分				
			R_a	4	降一级扣2分				
		86.6 ± 0.08	IT	4	超差0.01扣2分				
			R_a	4	降一级扣2分				
		5 ± 0.08	IT	4	超差0.01扣2分				
			R_a	4	降一级扣2分				
		$R7.5$	IT	4	超差0.01扣2分				
			R_a	4	降一级扣2分				
2	槽	30 ± 0.03	IT	4	超差0.01扣1分				
			R_a	2	降一级扣2分				
		$12^{0}_{-0.06}$	IT	4	超差0.01扣1分				
			R_a	4	降一级扣2分				
		$34^{0}_{-0.06}$	IT	4	超差0.01扣1分				
			R_a	4	降一级扣2分				
		3 ± 0.08	IT	4	超差0.01扣1分				
			R_a	4	降一级扣2分				
3	程序编制	建立工作坐标系		2	出现错误不得分				
		程序代码正确		4	出现错误不得分				
		刀具轨迹显示正确		3	出现错误不得分				
		程序完整		4	出现错误不得分				
4	机床操作	开机及系统复位		3	出现错误不得分				
		装夹工件		2	出现错误不得分				
		输入及修改程序		5	出现错误不得分				
		正确设定对刀点		3	出现错误不得分				
		建立刀补		4	出现错误不得分				
		自动运行		3	出现错误不得分				
5	工、量、刃具的正确使用	执行操作规程		2	违反规程不得分				
		使用工具、量具		3	选择错误不得分				
6	加工时间	超过定额时间5min扣1分；超过10min扣5分，以后每超过5min加扣5分，超过30min则停止考试							
7	文明生产	按有关规定每违反一项从总分中扣3分，发生重大事故取消考试。扣分不超过10分							

监考人		检验员		考评员	

7.13　职业技能鉴定模拟试卷十三

数控加工中心中级操作技能考核试卷

考件编号：________姓名：________准考证号：________单位：________

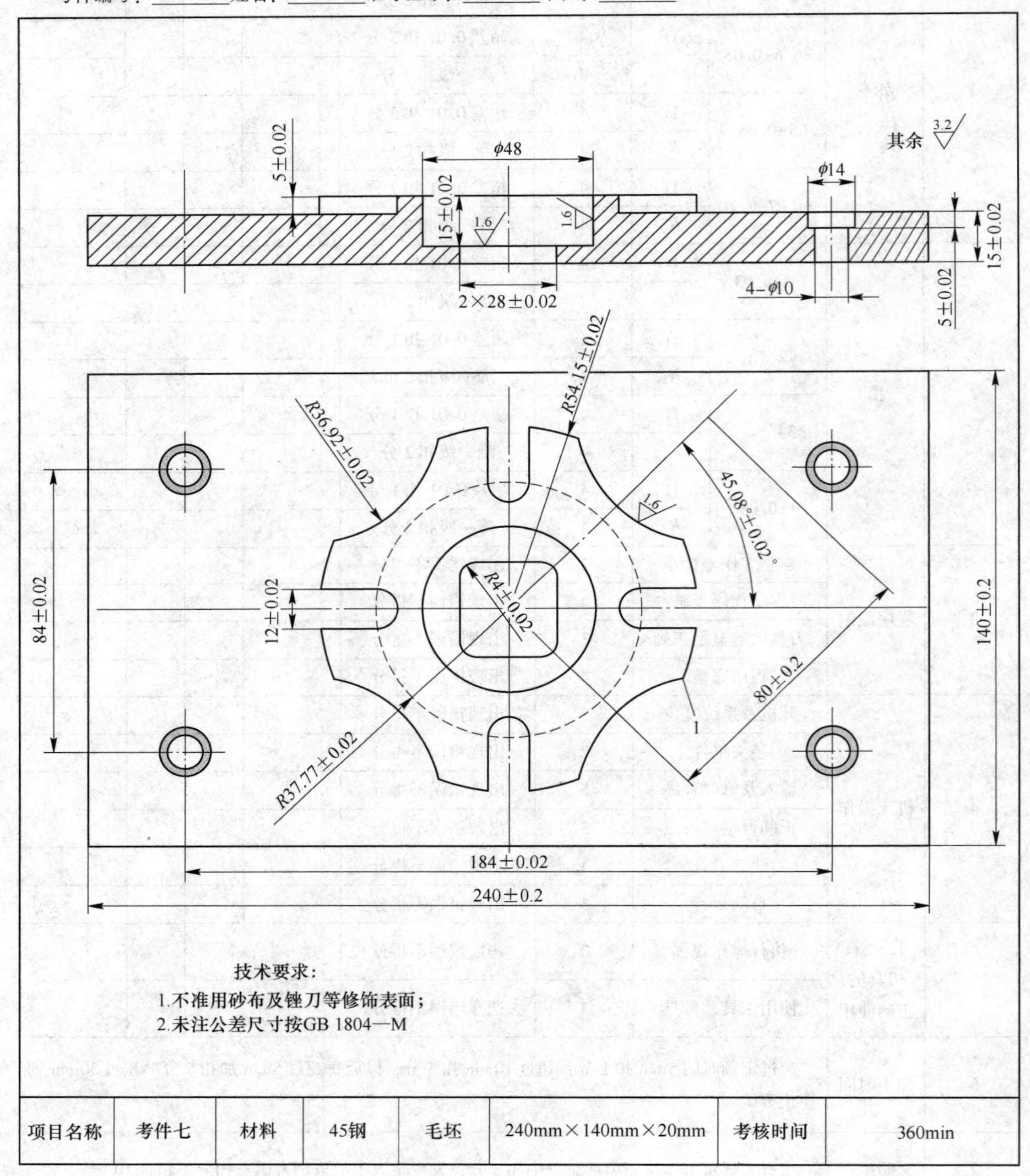

项目名称	考件七	材料	45钢	毛坯	240mm×140mm×20mm	考核时间	360min

7.14　职业技能鉴定模拟试卷十四

数控加工中心中级操作技能考核试卷考件十四评分表

考件编号：________姓名：________准考证号：________单位：________　　　　（mm）

序号	项目	考核内容		配分	评分标准	检测结果	扣分	得分	备注
1	外形	12±0.02	IT	4	超差 0.01 扣 2 分				
			R_a	4	降一级扣 2 分				
		5±0.02	IT	4	超差 0.01 扣 2 分				
			R_a	4	降一级扣 2 分				
		84±0.02	IT	4	超差 0.01 扣 2 分				
			R_a	4	降一级扣 2 分				
		180±0.02	IT	4	超差 0.01 扣 2 分				
			R_a	4	降一级扣 2 分				
		R36.92	IT	4	超差 0.01 扣 2 分				
			R_a	2	降一级扣 2 分				
2	孔	2-28±0.02	IT	4	超差 0.01 扣 1 分				
			R_a	4	降一级扣 2 分				
		ϕ40	IT	4	超差 0.01 扣 1 分				
			R_a	4	降一级扣 2 分				
		4-ϕ14	IT	4	超差 0.01 扣 1 分				
			R_a	4	降一级扣 2 分				
3	程序编制	建立工作坐标系		2	出现错误不得分				
		程序代码正确		4	出现错误不得分				
		刀具轨迹显示正确		3	出现错误不得分				
		程序完整		4	出现错误不得分				
4	机床操作	开机及系统复位		3	出现错误不得分				
		装夹工件		2	出现错误不得分				
		输入及修改程序		5	出现错误不得分				
		正确设定对刀点		3	出现错误不得分				
		建立刀补		4	出现错误不得分				
		自动运行		3	出现错误不得分				
5	工、量、刀具的正确使用	执行操作规程		2	违反规程不得分				
		使用工具、量具		3	选择错误不得分				
6	加工时间	超过定额时间 5min 扣 1 分；超过 10min 扣 5 分，以后每超过 5min 加扣 5 分，超过 30min 则停止考试							
7	文明生产	按有关规定每违反一项从总分中扣 3 分，发生重大事故取消考试。扣分不超过 10 分							

监考人		检验员		考评员	

7.15　职业技能鉴定模拟试卷十五

数控加工中心中级操作技能考核试卷

考件编号：________姓名：________准考证号：________单位：________

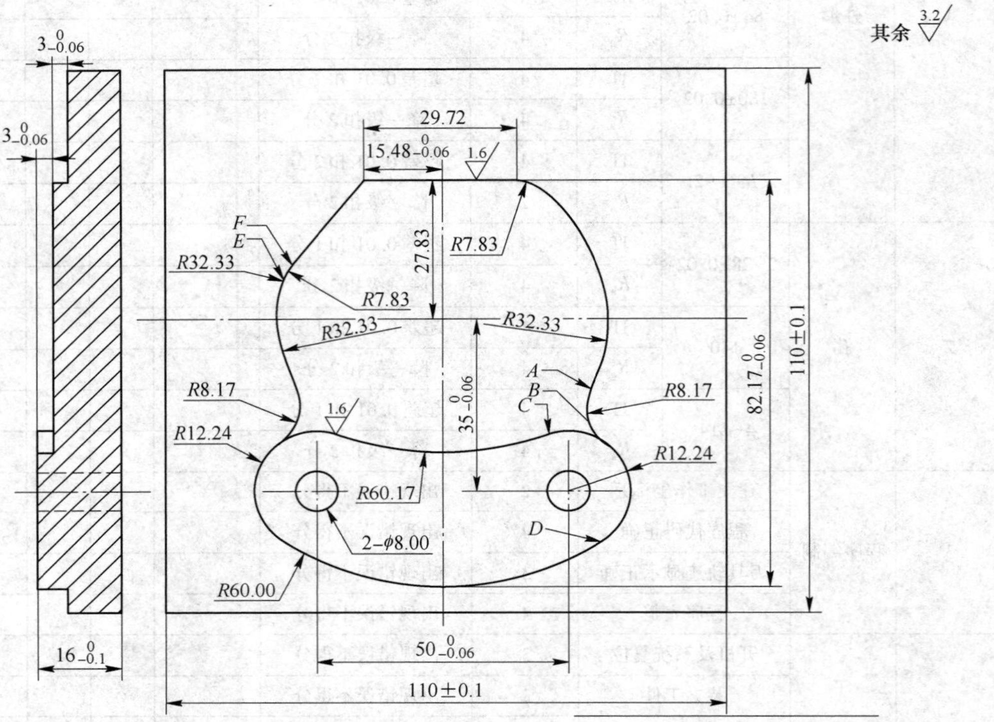

其余 3.2

$3^{0}_{-0.06}$　$3^{0}_{-0.06}$　$16^{0}_{-0.1}$　29.72　$15.48^{0}_{-0.06}$　1.6　27.83　R7.83　F　E　R32.33　R7.83　R32.33　R32.33　A　B　C　R8.17　R8.17　1.6　$35^{0}_{-0.06}$　R12.24　R12.24　R60.17　2-φ8.00　D　R60.00　$82.17^{0}_{-0.06}$　110±0.1　$50^{0}_{-0.06}$　110±0.1

坐标点

A	29.082	–14.296
B	31.898	–24.726
C	20.870	–23.512
D	31.531	–45.406
E	–29.697	10.877
F	–31.301	7.714

技术要求：

1.不准用砂布及锉刀等修饰表面；

2.未注公差尺寸按GB 1804—M

项目名称	考件八	材料	45钢	毛坯	110mm×110mm×20mm	考核时间	360min

7.16　职业技能鉴定模拟试卷十六

数控加工中心中级操作技能考核试卷考件十六评分表

考件编号：________姓名：________准考证号：________单位：________　　(mm)

序号	项目	考核内容		配分	评分标准	检测结果	扣分	得分	备注
1	外形	$82.17^{0}_{-0.06}$	IT	4	超差0.01扣1分				
			R_a	2	降一级扣1分				
		$R12.24$	IT	2	超差0.01扣1分				
			R_a	2	降一级扣1分				
		$R8.17$	IT	2	超差0.01扣1分				
			R_a	2	降一级扣1分				
		$R7.83$	IT	2	超差0.01扣1分				
			R_a	2	降一级扣1分				
		29.72	IT	2	超差0.01扣1分				
			R_a	1	降一级扣1分				
		$R60$	IT	2	超差0.01扣1分				
			R_a	1	降一级扣1分				
		$16^{0}_{-0.1}$	IT	2	超差0.01扣1分				
			R_a	2	降一级扣1分				
		$3^{0}_{-0.6}$	IT	4	超差0.01扣1分				
			R_a	2	降一级扣1分				
		$3^{0}_{-0.6}$	IT	4	超差0.01扣1分				
			R_a	2	降一级扣1分				
		$R60.17$	IT	2	超差0.01扣1分				
			R_a	1	降一级扣1分				
		$R32.33$	IT	2	超差0.01扣1分				
			R_a	1	降一级扣1分				
2	孔	$\phi8$	IT	4	超差0.01扣1分				
			R_a	2	降一级扣1分				
		$50^{0}_{-0.06}$	IT	4	超差0.01扣1分				
			R_a	2	降一级扣1分				
		$16^{0}_{-0.1}$	IT	2	超差0.01扣1分				
			R_a	2	降一级扣1分				
3	程序编制	建立工作坐标系		2	出现错误不得分				
		程序代码正确		4	出现错误不得分				
		刀具轨迹显示正确		3	出现错误不得分				
		程序完整		4	出现错误不得分				
4	机床操作	开机及系统复位		3	出现错误不得分				
		装夹工件		2	出现错误不得分				
		输入及修改程序		5	出现错误不得分				
		正确设定对刀点		3	出现错误不得分				
		建立刀补		4	出现错误不得分				
		自动运行		3	出现错误不得分				
5	工、量、刃具的正确使用	执行操作规程		2	违反规程不得分				
		使用工具、量具		3	选择错误不得分				

续表

序号	项目	考核内容	配分	评分标准	检测结果	扣分	得分	备注
6	加工时间	超过定额时间5min扣1分；超过10min扣5分，以后每超过5min加扣5分，超过30min则停止考试						
7	文明生产	按有关规定每违反一项从总分中扣3分，发生重大事故取消考试。扣分不超过10分						
监考人		检验员		考评员				

7.17　职业技能鉴定模拟试卷十七

数控加工中心中级操作技能考核试卷

考件编号：________姓名：________准考证号：________单位：________

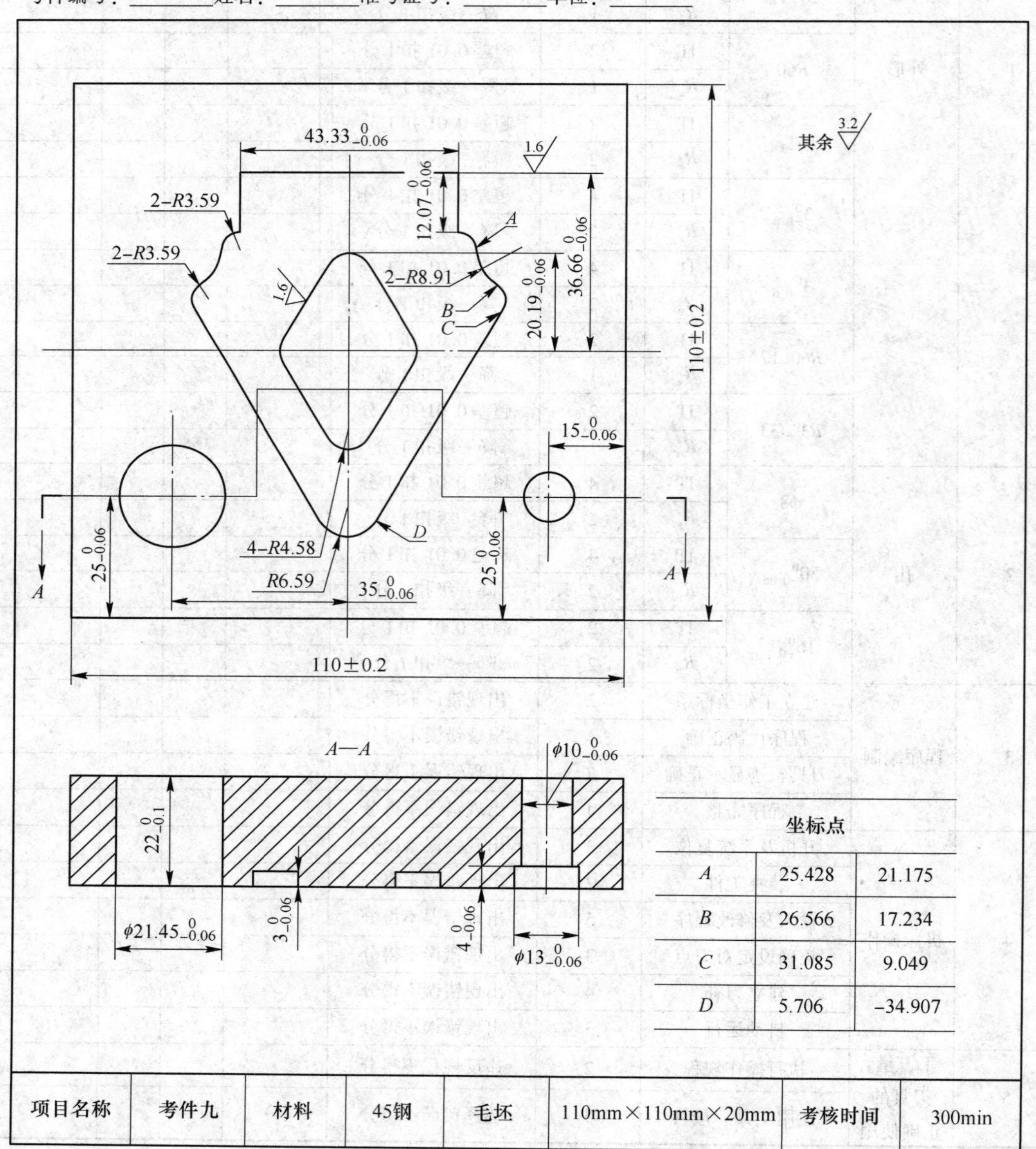

坐标点

A	25.428	21.175
B	26.566	17.234
C	31.085	9.049
D	5.706	-34.907

项目名称	考件九	材料	45钢	毛坯	110mm×110mm×20mm	考核时间	300min

7.18　职业技能鉴定模拟试卷十八

数控加工中心中级操作技能考核试卷考件十八评分表

考件编号：________姓名：________准考证号：________单位：________　(mm)

序号	项目	考核内容		配分	评分标准	检测结果	扣分	得分	备注
1	孔	$\phi21.45^{0}_{-0.06}$	IT	2	超差0.01扣1分				
			R_a	2	降一级扣1分				
		$\phi13^{0}_{-0.06}$	IT	2	超差0.01扣1分				
			R_a	2	降一级扣1分				
		$\phi10^{0}_{-0.06}$	IT	2	超差0.01扣1分				
			R_a	2	降一级扣1分				
		$4^{0}_{-0.06}$	IT	2	超差0.01扣1分				
			R_a	2	降一级扣1分				
		$22^{0}_{-0.06}$	IT	2	超差0.01扣1分				
			R_a	2	降一级扣1分				
		$25^{0}_{-0.06}$	IT	2	超差0.01扣1分				
			R_a	2	降一级扣1分				
		$15^{0}_{-0.06}$	IT	2	超差0.01扣1分				
			R_a	2	降一级扣1分				
		$35^{0}_{-0.06}$	IT	2	超差0.01扣1分				
			R_a	2	降一级扣1分				
2	槽	$43.33^{0}_{-0.06}$	IT	2	超差0.01扣1分				
			R_a	2	降一级扣1分				
		$3^{0}_{-0.06}$	IT	2	超差0.01扣1分				
			R_a	1	降一级扣0.5分				
		$R3.59$	IT	1	超差0.01扣0.5分				
			R_a	1	降一级扣0.5分				
		$R4.58$	IT	1	超差0.01扣0.5分				
			R_a	1	降一级扣0.5分				
		$R6.59$	IT	1	超差0.01扣0.5分				
			R_a	1	降一级扣0.5分				
		$R8.91$	IT	1	超差0.01扣0.5分				
			R_a	1	降一级扣0.5分				
		$20.19^{0}_{-0.06}$	IT	2	超差0.01扣1分				
			R_a	1	降一级扣0.5分				
		$36.66^{0}_{-0.06}$	IT	2	超差0.01扣1分				
			R_a	2	降一级扣1分				
		$12.07^{0}_{-0.06}$	IT	2	超差0.01扣1分				
			R_a	2	降一级扣1分				

续表

序号	项目	考核内容	配分	评分标准	检测结果	扣分	得分	备注
3	程序编制	建立工作坐标系	2	出现错误不得分				
		程序代码正确	4	出现错误不得分				
		刀具轨迹显示正确	3	出现错误不得分				
		程序完整	4	出现错误不得分				
4	机床操作	开机及系统复位	3	出现错误不得分				
		装夹工件	2	出现错误不得分				
		输入及修改程序	5	出现错误不得分				
		正确设定对刀点	3	出现错误不得分				
		建立刀补	4	出现错误不得分				
		自动运行	3	出现错误不得分				
5	工、量、刃具的正确使用	执行操作规程	2	违反规程不得分				
		使用工具、量具	2	选择错误不得分				
6	加工时间	超过定额时间 5min 扣 1 分；超过 10min 扣 5 分，以后每超过 5min 加扣 5 分，超过 30min 停止考试						
7	文明生产	按有关规定每违反一项从总分中扣 3 分，发生重大事故取消考试。扣分不超过 10 分						

监考人		检验员		考评员	

项目8　企业加工生产过程实例

8.1　注塑模型腔加工过程

（1）注塑模型腔加工工艺过程卡见表2-8-1。

表2-8-1　注塑模型腔加工工艺过程卡　（mm）

<table>
<tr><td rowspan="2">型腔加工工艺卡</td><td rowspan="2">零件加工
工艺</td><td>模具编号</td><td></td><td>审核：</td><td></td><td>共（）页</td><td>第（）页</td></tr>
<tr><td>零件名称</td><td>型腔</td><td>批准：</td><td></td><td>工艺：</td><td></td></tr>
</table>

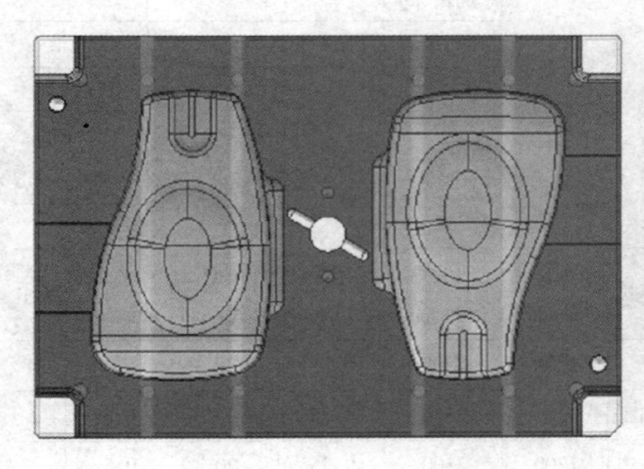
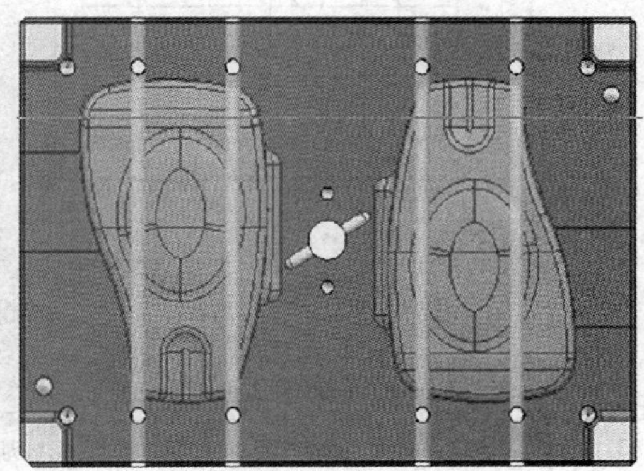

工序号	工序名称	工序内容及要求	加工工时（费用）	品质确认	备注
1	磨平面	磨底面			
2	钻孔	钻CNC工艺孔 $M12$			
3	CNC	取数方式：四面分中，型腔四周侧边和虎口加工到位，吊装螺丝孔点孔			
4	深孔钻	打水路孔 $\phi6$			
5	CNC高速铣	取数方式：四面分中，型腔正面按数据加工			
6	钻孔	打水路孔、吊环螺丝孔 $M8$			

（2）塑模数控铣加工工序卡见表2-8-2。

表 2-8-2　塑模数控加工工序　（mm）

数控铣加工工序卡片	模具名称	盒盖注塑模具	零（部）件名称	型腔	共（）页	第（）页
	模具编号	ZP2 ASSM-S0. 5-A	零（部）件图号	08	模型文件	ZP2 ASSM-A-08. prt

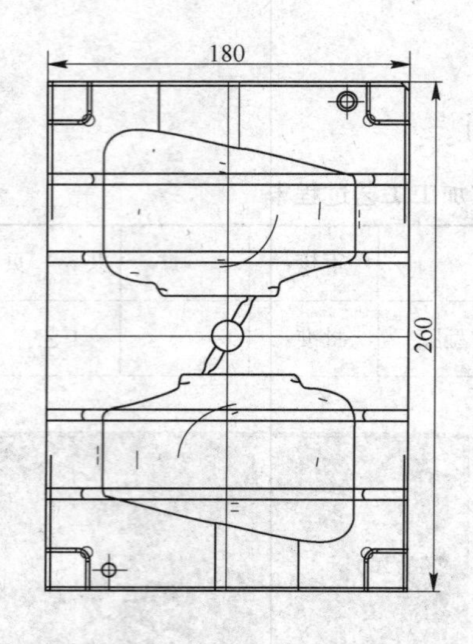

车间	工序号	工序名称	
数控铣	03	CNC	
毛坯种类	毛坯外形尺寸	材料牌号	件数
六面光立方块	270×190×45	P20	1
设备名称	设备型号	设备编号	同时加工件数
三菱数控铣床	TZ158		1
夹具编辑	夹具名称		切削液
			气体冷却
1 2	压板 垫块		工序工时（min）
			720

工步号	工步内容	工艺装备	切削模式	主轴转速 /r · min⁻¹	进给率 /mm · min⁻¹	切削深度 /mm	侧向步距/mm	加工余量/mm	备注
1	上表面粗加工	ϕ35r5-3 刃可转位铣刀	往复	1200	2500	0. 35	20	1	
2	四周外形粗加工	ϕ35r5-3 刃可转位铣刀	轮廓加工	1200	2500	0. 35	—	0. 6	
3	产品外形粗加工	ϕ35r5-3 刃可转位铣刀	跟随周边	1200	2500	0. 35	20	0. 5	
4	光刀	ϕ200-4 铣刀盘	面铣削	400	200	—	—	0	
5	清角、虎口粗加工	ϕ16r0. 8-2 刃可转位铣刀	配置文件	1500	2500	0. 3	11	0. 5	
6	清角	ϕ8r1-2 钨钢刀	配置文件	2200	2000	0. 2	5. 6	0. 5	
7	虎口半精加工	ϕ8r1-2 钨钢刀	跟随周边	2400	2000	0. 2	4. 2	0. 5	
8	流道	ϕ8r1-2 钨钢刀	跟随周边	2000	1800	0. 2	4. 2	0	
9	虎口底面精加工	ϕ8r0. 5-2 钨钢刀	跟随周边	2700	1000	0. 2	4. 2	0	
10	虎口侧面精加工	ϕ8r0. 5-2 钨钢刀	配置文件	3000	2000	0. 2	4. 2	0	
11	四周外形半精加工	ϕ26r0. 8-3 刃可转位铣刀	跟随周边	2000	3000	0. 35	—	0. 2	
12	四周外形精加工	ϕ26r0. 8-3 刃可转位铣刀	跟随周边	3000	2000	0. 3	—	0	
13	点孔	ϕ8r4 钨钢球头刀	点钻	1700	50	5	—	—	

续表 2-8-2

工步号	工步内容	工艺装备	切削模式	主轴转速 /r·min^{-1}	进给率 /mm·min^{-1}	切削深度 /mm	侧向步距/mm	加工余量/mm	备注
					设计（日期）	审核（日期）	标准化（日期）	会签（日期）	
标记	处数	更改文件号	签字	日期	标记	处数	更改文件号	签字	日期

8.2　注塑模动模加工过程

（1）动模板工艺卡见表 2-8-3。

表 2-8-3　动模板工艺卡　（mm）

动模座板加工工艺卡	零件加工工艺	模具编号		审核：		共（）页	第（）页
		零件名称	动模座板	批准：		工艺：	

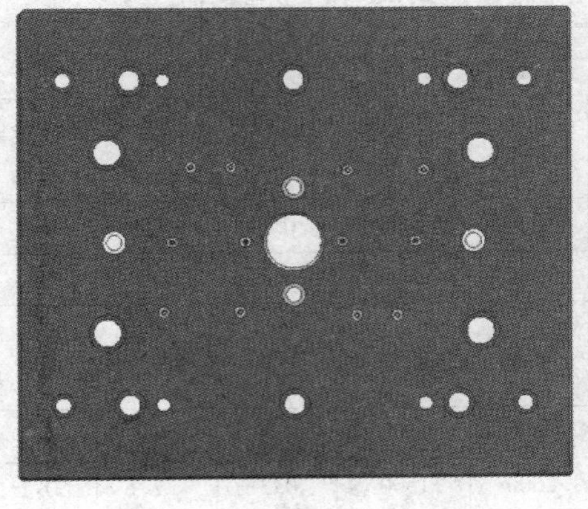

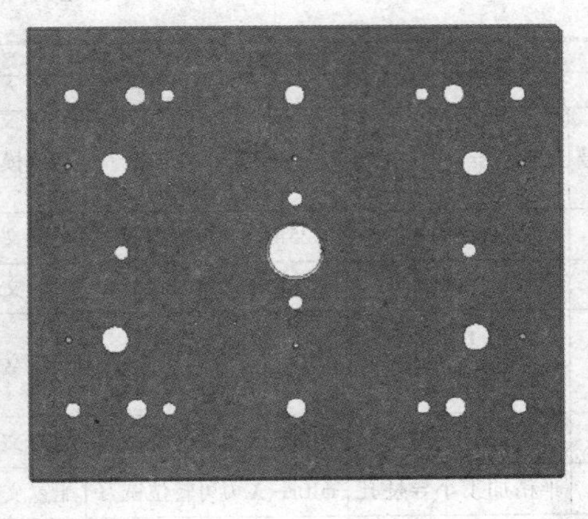

工序号	工序名称	工序内容及要求	加工工时（费用）	品质确认	备注
1	磨平面	正反面磨床			
2	飞刀	按料单飞到净尺寸			
3	倒角	所有边倒角			
4	CNC	1. 按造型铣到位。2. 顶出孔毛刀铣到数据。3. 定位销孔，芯子，螺丝点孔			
5	钻孔	螺丝台阶孔平底+倒角，螺丝孔深度为1.5倍（附图纸）。吊环孔 M10			

（2）动模板数铣加工工序卡见表 2-8-4。

表 2-8-4　动模板数铣加工工序　　　　（mm）

数控铣加工工序卡片	模具名称	盒盖注塑模具	零(部)件名称	板	共（）页	第（）页
	模具编号	ZP2 ASSM-S0. 5-A	零(部)件图号	ZP2 ASSM-A-07	模型文件	ZP2ASSM-A-07. prt

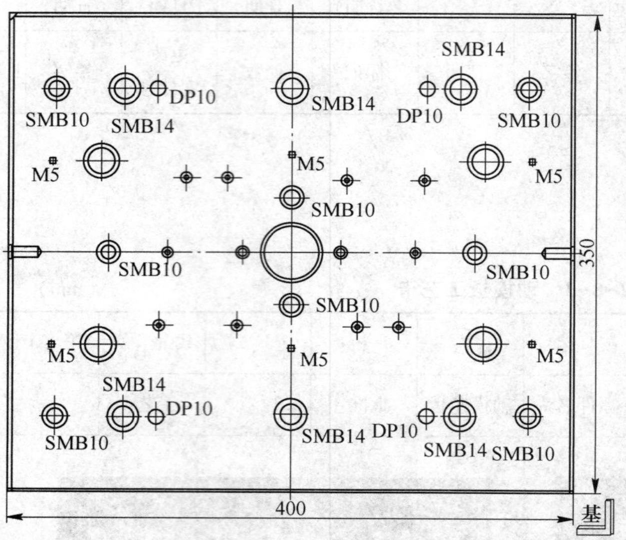

车间	工序号	工序名称	
数控铣	04	CNC	
毛坯种类	毛坯外形尺寸/mm	材料牌号	件数
六面光立方块	400×350×30	45 号	1
设备名称	设备型号	设备编号	同时加工件数
三菱数控铣床	TZ158		1
夹具编号	夹具名称	切削液	
1 2	压板 垫块	气体冷却	
		工序工时/min	
		120	

工步号	工步内容	工艺装备	切削模式	主轴转速 /r·min⁻¹	进给率 /mm·min⁻¹	切削深度 /mm	侧向步距 /mm	加工余量 /mm	备注
1	KO 孔开粗	ϕ25r0. 8 可转位铣刀	配置文件	1200	2000	0. 3	17. 5	0. 2	
2	KO 孔精加工	ϕ26r0. 8 可转位铣刀	配置文件	1400	2000	0. 3	18. 2	0	
3	粗加工小导柱台阶槽	ϕ16r0. 8-3 刃可转位铣刀	配置文件	1400	2000	0. 3	11. 2	0. 2	
4	粗加工小导柱孔	ϕ10r1-3 刃可转位铣刀	配置文件	2400	1500	0. 3	7	0. 2	
5	半精加工小导柱孔	ϕ10r1-3 刃可转位铣刀	配置文件	2600	1500	0. 3	7	0. 1	
6	铰小导柱孔	ϕ20 直铰刀	镗孔	100	10	—			
7	点孔、划基准角	ϕ8r4 钨钢球头刀	点钻	1700	50	5			
8	钻定位销孔	ϕ9. 5 麻花钻头	钻孔	400	40	—			
9	铰定位销孔	ϕ10 麻花铰刀	镗孔	100	10	—			
10	定位销孔倒角	ϕ12 硬质合金倒角刀	等高轮廓铣	1600	40	—			
	加工反面								
11	点孔	ϕ8r4 钨钢球头刀	点钻	1700	50	—			
					设计（日期）	审核（日期）	标准化（日期）	会签（日期）	
标记	处数	更改文件号	签字	日期	标记	处数	更改文件号	签字	日期

（3）模板加工工艺卡见表 2-8-5。

表 2-8-5 模板加工工艺卡 （mm）

定模座板加工工艺卡	零件加工工艺	模具编号		审核：		共（）页	第（）页
		零件名称	定模座板	批准：		工艺：	

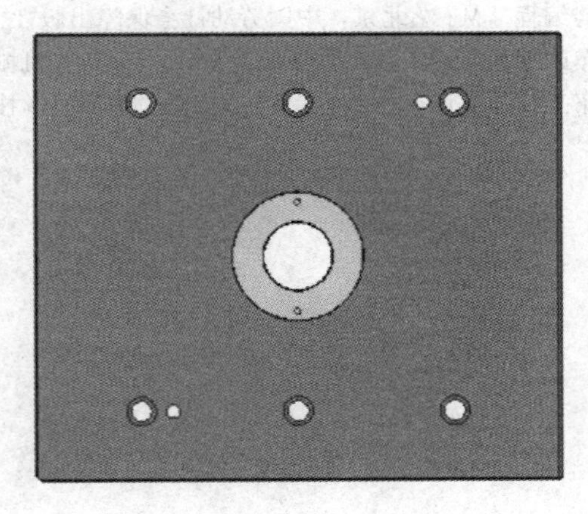

工序号	工序名称	工序内容及要求	加工工时（费用）	品质确认	备注
1	磨平面	正反面磨床			
2	飞刀	按料单飞到净尺寸			
3	倒角	外形所有边倒角			
4	CNC	1. 定位圈槽、浇口套安装孔。 2. 定位销孔、螺丝孔点孔			
5	钻孔	1. 配定位圈，加工定位圈孔 *M*6 2. 吊环螺钉孔 *M*10			

参考文献

[1] 韩鸿鸾，王常义，吴海燕．从技工到技师考证一本通——数控铣工/加工中心操作工全技师培训教程［M］．北京：化学工业出版社，2009.
[2] 陈学翔．数控铣（中级）加工与实训［M］．北京：机械工业出版社，2011.
[3] 周晓红．数控铣削工艺与技能训练（含加工中心）［M］．北京：机械工业出版社，2011.
[4] 张智敏．数控车床操作与编程［M］．北京：中国劳动社会保障出版社，2010.
[5] 王泉国，王小玲．数控车床编程与加工（广数系统）［M］．北京：机械工业出版社，2012.
[6] 马有昂，王耀宗．数控车工技能实训（中级）［M］．安徽：中国科学技术大学出版社，2015.